U0197528

"十四五"时期国家重点出版物出版专项规划项目·重大出版工程规划

中国工程院重大咨询项目成果文库

国家新能源应用
安全监管与保障体系
战略研究

— 彭苏萍 等 编著 —

科学出版社

北 京

内 容 简 介

新能源大规模应用是实现碳达峰、碳中和目标的主要途径、促进绿色低碳转型的重要支撑。我国风电、光伏发电的累计装机容量居世界首位，新能源汽车产业呈现持续性增长。随着新能源发电设施、新能源汽车产品等新能源应用前端商业链条的贯通，新能源配套政策环境持续优化，充换电基础设施建设全面提速，氢能基础设施建设有序开展，储能与综合能源设施应用范围不断扩展，新能源应用逐步转向市场规模与发展质量的共同提升阶段。然而，在新能源基础设施快速发展的同时，安全风险防控形势较为严峻。亟待基于产业宏观视角研究新能源应用安全风险防控战略，支持新能源应用的安全监管与保障体系建设，从而助力能源转型的稳健、安全、有序进行。

本书可供全国高等院校高年级本科生、研究生，以及科研人员、政府能源管理部门和能源企业管理人员参考。

图书在版编目（CIP）数据

国家新能源应用安全监管与保障体系战略研究/彭苏萍等编著. –– 北京：科学出版社，2024.12

（中国工程院重大咨询项目成果文库）

"十四五"时期国家重点出版物出版专项规划项目·重大出版工程规划

ISBN 978-7-03-080896-7

Ⅰ. TK01

中国国家版本馆 CIP 数据核字第 202483ZU60 号

责任编辑：陈会迎 / 责任校对：姜丽策
责任印制：张　伟 / 封面设计：有道设计

科学出版社 出版

北京东黄城根北街 16 号
邮政编码：100717
http://www.sciencep.com

北京建宏印刷有限公司印刷
科学出版社发行　各地新华书店经销

*

2024 年 12 月第　一　版　开本：720×1000　1/16
2024 年 12 月第一次印刷　印张：10 3/4
字数：213 000

定价：128.00 元

项目组成员名单

项目组组长

彭苏萍　中国矿业大学（北京）中国工程院院士

苏义脑　中国石油勘探开发研究院 中国工程院院士

顾问

孙逢春　北京理工大学 中国工程院院士

马永生　中国石油化工股份有限公司 中国工程院院士

凌　文　中国神华能源股份有限公司 中国工程院院士

刘吉臻　华北电力大学 中国工程院院士

舒印彪　中国华能集团有限公司 中国工程院院士

叶奇蓁　核电秦山联营有限公司 中国工程院院士

韩英铎　清华大学 中国工程院院士

余贻鑫　天津大学 中国工程院院士

赵文智　中国石油天然气股份有限公司勘探与生产分公司 中国工程院院士

衣宝廉　中国科学院大连化学物理研究所 中国工程院院士

课题一成员

张　博　厦门大学 教授

孙旭东　中国矿业大学（北京）副教授

高俊莲　中国矿业大学（北京）副教授

仲　冰　中国矿业大学（北京）讲师

徐小宇　中国矿业大学（北京）研究助理

张蕾欣　中国矿业大学（北京）研究助理

课题二成员

顾大钊	国家能源集团	中国工程院院士
李全生	国家能源集团	教授级高工
刘小奇	国华能源投资有限公司	董事长/高工
袁　明	国家能源集团	部门副主任/教授级高工
刘　玮	国华能源投资有限公司	副总经理/高工
李井峰	国家能源集团	副处长/教授级高工
张　凯	国家能源集团	副处长/教授级高工
万燕鸣	国华能源投资有限公司	部门总经理/高工
陈莉莉	国华能源投资有限公司	部门副总经理/高工
严晓辉	国家能源集团	高工
杨　毅	国家能源集团	科技部综合处主管
刘梓壮	国华能源投资有限公司	氢能技术部主管
戴佳希	国华能源投资有限公司	氢能技术部主管
张　军	国家能源集团技术经济研究院	主任/高工
张　岩	北京国氢中联氢能科技研究院有限公司	高级主管/高工
王明华	神华科学技术研究院有限责任公司	高工
杨一楠	国家能源集团技术经济研究院	能源经济研究部主管/经济师

课题三成员

郭剑波	国家电网有限公司	中国工程院院士
罗　魁	中国电力科学研究院	高工
高　飞	中国电力科学研究院	教授级高工
李涛永	中国电力科学研究院	高工
刘铠诚	中国电力科学研究院	高工
郭秀梅	中国有研科技集团有限公司	教授级高工

综合组执笔人（按课题排序）

张　博　厦门大学　教授

孙旭东　中国矿业大学（北京）副教授

罗　魁　中国电力科学研究院　高工

杨　毅　北京低碳清洁能源研究院　工程师

刘梓壮　国华能源投资有限公司　氢能技术部主管

前　言

　　新能源的规模化应用是实现我国碳达峰、碳中和目标的主要抓手,是促进经济社会全面绿色低碳转型的首要保障。提高新能源汽车比例是交通行业节能减排的必然选择。习近平总书记指出,发展新能源汽车是我国从汽车大国迈向汽车强国的必由之路①。中央碳达峰碳中和"1＋N"政策体系指出,重点发展电动、氢燃料电池等清洁零排放汽车,建设加氢站、换电站、充电站。当前,我国新能源产业发展迅速,新能源应用全面铺开,充电站、储能电站、氢能基础设施、综合能源站等建设正处于爆发式增长时期。新能源应用与相关基础设施产业快速发展的同时,安全事故多发的态势引起全社会关注。当前,我国新能源应用及其基础设施产业的健康发展面临基础设施产业生态尚不健全、安全风险防控能力不足、综合能源服务水平有待加强、制度体系建设仍显滞后等突出问题,亟待开展国家新能源应用安全监管与保障体系相关战略研究,助力我国能源转型的平稳、安全、有序进行。

　　在此背景下,中国工程院设立了紧急重点咨询项目"国家新能源应用安全监管与保障体系战略研究",项目负责人为彭苏萍院士,主要研究内容涉及我国能源转型期全流程新兴基础设施和新能源汽车发展现状,各类新能源应用基础设施(充电站、储能电站、氢能基础设施、综合能源站)发展趋势、潜在安全风险及其量化评估,主要发达国家新能源应用基础设施安全风险防控现状与经验及我国的现状与问题、中长期新能源应用基础设施安全风险防控战略与工程科技支撑,国家新能源应用安全监管与保障体系构建,国家级新能源应用安全监管系统与平台设计规划、基础设施相关措施和政策建议。

　　经过一年的研究,项目从我国新能源应用基础设施的发展现状、发展趋势研判入手,调研了国内外充电站、储能电站、氢能基础设施、综合能源站安全风险防控概况,围绕现有安全管理的技术法规及标准,相关新能源应用技术、装备、基础设施的显性和隐性风险诊断及其量化评估,以及新能源应用安全风险防控将来面临的问题等内容进行了系统性分析,针对我国能源转型期的全流程新兴基础设施和新能源汽车加速发展现状,围绕充电站、储能电站、氢能基础设施、综合能源站等新能源应用基础设施安全风险防控,提出了中长期新能源应用安全风险

---

　　① 习近平:发展新能源汽车是迈向汽车强国的必由之路[EB/OL].(2014-05-26)[2023-11-20]. http://auto. people.com.cn/n/2014/0526/c1005-25066662.html.

防控目标、任务及工程科技支撑，并建议建立多层级多环节安全风险防控与保障技术体系，提高各利益相关方的安全风险监督和管理能力水平。以上内容将为我国新能源应用安全监管与保障体系建设提供决策参考。

1. 新能源应用基础设施发展面临的形势

（1）能源转型期基础设施规模持续扩大。基础设施是新能源应用的核心支撑。伴随新能源技术的不断成熟与突破，新能源产业发展质量迅速提升，配套设施环境持续优化，新能源应用基础设施呈现出快速规模化发展势头。我国已建成全球最大规模充电设施网络，公共充电设施规模全球占比超过60%。2021年，公共充电桩保有量为114.7万个，同比增长42.13%；已建成的加氢站数量超过250座，居全球第一，且仍在快速增长。到2025年，我国新能源汽车新车销量占比将有望达到20%左右。同时，各省区市加快推进储能项目的落地，新型储能产业发展进入"快车道"，逐步迈向规模化。

（2）新能源应用安全事故频发。近年来，国内外新能源应用基础设施安全事故频发，储能设施着火、氢气充装母站爆燃、加氢站爆炸、新能源汽车充电过程自燃等典型事故的发生引起了全社会的广泛关注与重视，安全问题不断凸显。北京"4·16"光储充（光伏＋储能＋充电）一体化项目安全事故造成1人遇难、2名消防员牺牲、1名消防员受伤，产生了重大的社会影响。韩国、美国、澳大利亚已经发生了多起储能电站、加氢站安全事故。尽管这些事故多呈现零星、散发、多源的特点，但频出的安全问题暴露出了巨大的安全隐患，所带来的影响恶劣，风险防控形势严峻。

（3）新能源应用基础设施全流程复杂。氢能、储能、智能电网与综合能源服务关联产业链条较长，充换电、氢能应用的基础设施建设涉及的环节多，加氢站、充电桩/换电站、综合能源站、储能电站、动力电池回收站等新能源应用基础设施类型多样。仅加氢站存在气氢加氢站、液氢加氢站、油氢合建站、油氢电气综合能源站、制氢加氢一体站、固态储氢加氢站等多种形式。未来，新能源汽车与清洁能源融合发展不断推进，充电桩与电网进行深度能量交互，将对电网的安全运行造成影响。随着新能源汽车与新能源电力向跨领域融合发展，油、气、氢、电等综合供给服务的集成特征明显，相关基础设施系统趋于复杂化，实现全流程、全产业链安全发展的需求迫切。

（4）新能源应用基础设施动态监管难度大。新能源应用基础设施在用能终端呈现多种形态，利益主体复杂（如新能源的电力与非电应用，公用充电站与私人充电桩、用户侧储能与电网侧储能并存），新能源汽车种类繁多，同时关键技术革新日新月异，全流程多形态基础设施的动态监管日益复杂。例如，氢能产业制一储一运一加的各环节都存在安全风险，不同的建站方式、不同技术路线下的储运氢方式衍生出的风险类型差异较大，给氢能应用基础设施安全管理带来很大难度。可再生能源消纳、储能、氢能的运输和存储、新能源终端利用等技术的发展可能导致未来新能源应用形态发生根本性的变化，不断增加基础设施建设和全流程管理的难度。

2. 新能源应用基础设施安全监管与保障水平不足

（1）现有安全事故成因复杂。新能源应用全流程基础设施涉及的风险点复杂多样，事故致因多元。储能电站事故原因主要涉及主要部件和设备的安全和质量把关不严、防护措施不足、人员操作不当及安全监管缺失。通过分析国内外 90 例车用氢能产业链事故发现，加氢站及油氢合建站环节发生的事故案例有 48 例，其中事故原因占比最高的是密封失效（占比达 45%），其他为设计问题、人员操作失误等。抽样分析全球发生的 300 起电动汽车安全事故，在充电状态下发生的安全事故占比为 20%，事故原因包括过充等。充换电站、储能电站、加氢站所涉及新业态、新技术、新产品带来的特种灾害事故成因更为复杂。

（2）安全风险认知仍不充分。在新能源应用基础设施加速发展的同时，可能的安全风险尚未完全暴露，且其外延与内涵不断丰富，风险类型与事故种类有待界定。储能、氢能、充电桩、油气氢综合能源等不同基础设施故障演化机理仍不明确，事故成因与诱因仍不清晰。除常规安全风险、人身安全风险、设备安全风险以外，还存在系统安全风险、运行安全风险、环境安全风险、网络与信息安全风险等。由于对未来可预见的安全风险和未预见的潜在安全风险缺乏清晰的认知，新能源应用基础设施的发展形态和发展路径尚需进一步探索，新材料、新产品、新业态带来的安全风险需加强研判，安全监管将不断面临新的挑战与更高的要求。

（3）安全防控技术体系不完备。新能源应用基础设施安全风险防控技术发展尚不成熟，失效模型、风险评估、影响分析、控制手段不够完善。在设备级、场站级及系统级缺乏有效的风险评估与安全风险防控手段，存在诸多技术难点、痛点甚至盲点。例如，储能电站普遍缺乏预警功能，难以满足未来的安防要求；储能电站发生火灾后消防技术不足，产生人员伤亡等次生灾害；过分追求低加注能耗、快加注速度的加氢站多级加注技术，导致不同等级压力互串、泄漏点增多等事故隐患增加。涵盖事故前风险预测、事故中安全防护、事故后应急管理的多层次安全风险防控技术体系尚未形成，也未建立多层级安全监管平台。

（4）安全监管制度建设滞后。制氢站、加氢站、充电站、综合能源站、储能电站等基础设施安全监管涉及的安全风险多、体系建设不足、政策标准缺失等问题广泛存在。加氢站、充换电站在审批流程上存在差异，主管部门不统一，管理尺度不统一。我国已建成的加氢站中存在大量手续不全，甚至没有任何手续的违规建站情况。制氢站和加氢站的建设、相关设备的检测/认证/评价，以及建站完成后的验收和站点运维的相关标准制定处于起步阶段。依据相关压力管道管理技术规范，50mm 以下管道不纳入压力管道范畴管理，这导致加氢站内的高压涉氢小直径管道（一般为 25mm 左右）存在监管真空问题。充电站、换电站在社区的管理、运维缺乏成体系的管理办法。各地政策不统一，监检队伍力量薄弱。一些政府部门出台的相关应对措施多以临时性应急为目的，缺乏战略性、系统性监管。

3. 相关建议

（1）加强顶层设计，形成规范化安全监管制度体系。加快新能源应用基础设施安全监管与保障制度体系建设，优化安全监管流程，创新管理体制机制。制定中长期新能源应用基础设施安全风险防控战略，明确目标、任务和实施方案，覆盖安全管理、设计施工的监督、大数据手段的维护保养、监管平台的效能、保障措施与监督机制等方面，制定应急体系管理规范。充分借鉴国外风险防控先进经验，加强风险防范与应急处置能力建设，从被动防控向主动防控转变，从而减小安全事故概率、防止事故范围扩大，减少次生灾害。建立从中央到地方完备的早发现、早预警、早防范机制，由行政监管、行业监督及企业自律共同推进应急管理能力建设。

（2）强化标准化治理效能，构建国家级统一监管平台。建设新能源应用基础设施安全标准化管理体系，从运营、产品质量及设备本质安全方面，加强风险评估和安全管理的标准与认证体系建设，以"氢能领跑者"计划等行动为抓手，增强标准化治理效能。建成国家级新能源应用基础设施大数据中心，规划建设安全监控与运行保障平台，构建大数据分析与决策能力支撑体系，形成全方位管控体系。完善项目建设与验收相关标准；与补贴政策、金融支持挂钩，建立装备质量追溯体系、企业质量安全评价体系、责任延伸制度，健全强制性退出机制。

（3）加强安全风险防控科技攻关，培养专业型人才。制定国家新能源应用安全监管与保障技术发展路线图，设立氢气微泄漏检测及智能管控系统等基础设施安全攻关项目，推动安全防控技术装备创新发展。加强新能源应用基础设施大规模接入对电网安全、环境安全、城市安全的风险及其影响研究；开展压力管理、氢气泄漏、氢脆等多因素、全环节的安全风险定量评估与智能管控技术研发；针对不同类型的基础设施开展风险防控基础研究，加强故障风险预警预测、安全防护及应急消防技术与安全事故处置机器人研究。促进设备级、场站级、系统级等不同层级技术研发，构建安全风险防控技术保障体系。鼓励校企联动，优化学科建设布局，培养专业型人才。

（4）加强宣传教育，构建立体式基础设施安全生态。加强相关宣传与科普教育，向生产厂商、服务业企业和消费者普及安全规范，为新能源应用基础设施建设与产业发展创造良好的舆论环境。加强安全风险防控标准实施和宣贯，强化人员培训，增强公众安全意识，加强事故保险与次生灾害理赔等机制建设。根据区域经济发展水平、能源条件、车辆发展现状与趋势预测，有序推进基础设施建设，优化未来新能源应用的基础设施布局，加强综合智慧能源服务。推动交通和能源基础设施的一体化建设，实现新能源汽车产业与大能源系统的安全、高效融合。健全基础设施产业生态，创新商业模式，以市场为导向，推动用户合理选择，更大限度地减少安全风险。

（5）强化安全监管考核机制，建立健全责任追究机制。各企业明确安全生产的责任主体，出台安全管理办法等规范文件，建立安全管理制度，设置安全管理组织，配备专职的安全员，将安全管理贯穿运营服务全过程。进一步梳理、明确各部门安全监管职责，各监管部门应按照职责分工和属地原则，依法依规负责相应设施安全监督管理工作，督促企业做好相关安全工作，履行法律、法规及相关规范性文件赋予的安全管理职责，并承担相应的监督或管理责任，确保各类设施领域安全监管实现全覆盖。将新能源应用基础设施安全生产管理工作纳入安全生产监管范围，监督供/用电安全隐患整治和责任制落实情况，并纳入安全生产工作考核范围，建立与相关负责人履职评定、奖励惩处相挂钩的机制。

（6）构建新能源应用全流程基础设施安全保障体系。鼓励新能源应用产业链相关企业从市场需求出发，从不同层面不断提升用能本质安全和防护安全水平，大力支持各类应用基础设施安全研究，为相关标准的制定/修订提供实际数据和经验，推动标准的落地应用；相关产业和监管部门应鼓励对各类安全事故展开公开讨论，分析研究事故原因，充分总结事故经验与教训，并在相关标准制定/修订中充分考虑以上因素，避免重蹈覆辙，同时积极引入保险制度，为新能源应用基础设施产业未来的快速发展提供保障。

目　　录

第1章 全球能源转型期新兴基础设施发展需求与动态

1.1 全球能源转型形势与新兴基础设施发展

1.1.1 能源转型成为全球共识,我国正在进入低碳发展变革期

21 世纪以来,气候变化致使海水热膨胀和极地冰川融化、海平面升高、森林减退、土地荒漠化,并引发酷暑、干旱、洪水、海啸、地震等极端气候灾害,对人类生存环境的影响不断加强。全球气候变化问题已受到越来越多的关注,自 1992 年 150 多个国家和经济共同体在巴西里约热内卢签署《联合国气候变化框架公约》后,联合国气候变化大会上陆续签署了《京都议定书》(1997 年)、《巴厘岛路线图》(2007 年)、《哥本哈根协议》(2009 年)、《巴黎协定》(2015 年)等国际性公约和文件。国际社会持续致力于温室气体减排,将进一步加快能源绿色低碳转型速度。

在 2021 年的第 26 届联合国气候变化大会上,印度首次承诺 2070 年前实现碳中和,俄罗斯首次承诺 2060 年前实现净零排放。截至 2021 年底,全球已有 136 个国家、116 个地区、234 个城市,以及 683 家企业提出了碳中和目标。世界经济社会发展进入碳中和时代,气候变化是全人类的共同挑战。根据联合国政府间气候变化专门委员会(Intergovernmental Panel on Climate Change,IPCC)于 2021 年 8 月发布的《气候变化 2021:自然科学基础》报告,实现将升温控制在 1.5℃以内的目标的前提是现在就要采取前所未有的行动,将全球温室气体排放量在 2030 年之前减半,并在 21 世纪中叶前后实现净零排放。

根据国际能源署(International Energy Agency,IEA)发布的数据,2021 年,全球与能源相关的二氧化碳排放量为 363 亿 t,占全球二氧化碳排放总量的 89%。全球大部分地区的二氧化碳排放量都出现了增长,巴西和印度的二氧化碳排放量均增长超过 10%,日本的二氧化碳排放量小幅增长约 1%,中国的二氧化碳排放量增长 5%,而美国和欧盟的二氧化碳排放量均增长约 7%。其中,煤炭使用产生的二氧化碳排放量达到 153 亿 t,创造了历史新高,比 2014 年的峰值高出近 2 亿 t。由于各行业对天然气需求的增加,天然气使用产生的二氧化碳排放量也反弹至

75 亿 t，远高于 2019 年的水平。与能源相关的碳排放在全球占据主导地位，因此能源向绿色低碳转型是实现碳中和的关键路径。根据 IEA 的《全球能源行业 2050 净零排放路线图》的情景预测，2050 年全球能源结构中将以可再生能源为主，各项低碳或零碳技术发展成熟，各行业将趋于实现低碳排放或零碳排放。

世界主要经济体都把能源资源安全作为国家安全的优先领域和发展战略的重要内容，制定各自的中长期能源发展战略，如美国《作为经济可持续增长路径的全面能源战略》（*The All-of-the-above Energy Strategy as a Path to Sustainable Economic Growth*）、欧盟《2050 能源路线图》（*Energy Roadmap 2050*）、日本《国家能源新战略》（『国家エネルギー新戦略』）、《俄罗斯 2035 年前能源战略草案》（*Энергетической стратегии Российской Федерации на период до 2035 года*）。中国政府已经向国际社会承诺，到 2030 年，非化石能源消费比例达到 25%左右，单位国内生产总值二氧化碳排放量比 2005 年下降 65%以上。中国出台了一系列能源发展战略规划，例如，在《"十四五"现代能源体系规划》中列明了一些具体的能源发展目标，到 2025 年，非化石能源消费比例提高到 20%左右，非化石能源发电量比例达到 39%左右，电气化水平持续提升，电能占终端用能比例达到 30%左右。到 2025 年，单位国内生产总值能源消耗比 2020 年下降 13.5%，单位国内生产总值二氧化碳排放量比 2020 年下降 18%。

党的十八大以来，党中央把经济高质量增长、生态文明建设等摆在突出位置，相继提出了"能源革命""供给侧结构性改革"等诸多顶层设计与重大战略举措。这种发展战略、理念的重大变化将带动我国包括新能源在内的能源领域发展战略、理念和政策取向的一系列变化，深刻影响新能源的利用和发展。例如，"能源革命"的本质是主体能源的更替或其开发利用方式的根本性转变，主要特征是能源供给与消费的清洁低碳化发展，目标是建设清洁低碳、安全高效的现代能源体系，这意味着我国能源朝清洁化方向发展的重大思路转变，以高效、清洁、多元化、智能化为主要特征的能源转型进程将加快推进。能源领域"供给侧结构性改革"必须以提高供给质量、满足有效需求为根本目标，以减少无效供给、扩大有效供给、优化供给结构为主攻方向，满足绿色低碳经济发展的需要，重点解决新能源发电储能技术不足和"弃风弃光"问题，大力调整能源产品结构，推动新能源可持续发展。

1.1.2　全球重视能源领域新兴产业发展，新能源发电规模快速提升

21 世纪以来，全球能源结构加快调整，新能源技术水平和经济性大幅提升，风能和太阳能利用实现跃升式发展，规模增长了数十倍。全球应对气候变化开启新征程，《巴黎协定》得到国际社会的广泛支持和参与，自 2016 年来，可再生能

源提供的发电量占全球新增发电量的约 60%。中国、欧盟、美国、日本等 130 多个国家和地区提出了碳中和目标以后，世界主要经济体积极推动经济绿色复苏，绿色产业已成为重要投资领域，清洁低碳能源发展迎来新机遇。

根据国际可再生能源署（International Renewable Energy Agency，IRENA）数据，截至 2021 年底，全球可再生能源发电装机容量约 3064GW，占全球发电装机总量的38.3%。根据国家统计局数据，中国可再生能源发电装机容量达到 10.63 亿 kW，占中国发电装机总量的 44.8%；可再生能源发电量达 2.48 万亿 kW·h，占全社会用电量的 29.8%。

2021 年 5 月，欧盟公布预期投资 2100 亿欧元用于名为 REPowerEU 的能源计划，提出将欧盟"减碳"55%（Fit for 55）组合政策中的 2030 年可再生能源发电比例目标提高到 45%，大幅提高风能、太阳能开发规模，2025 年光伏发电量在 2021 年基础上翻倍。新能源尤其是新能源电力成为推动全球能源转型的主力。德国提出将逐渐停止燃煤发电，并在 2030 年将可再生能源发电比例提升至 65%。英国提出要大规模扩大海上风电装机容量。法国提出到 2030 年将可再生能源在法国能源结构中的比例提高到 40%左右，拟在诺曼底海域建造一个装机容量为 1GW 的海上风电场，以扩大海上风电发电量。日本东京电力公司与丹麦能源公司发布联合声明，将共同开发日本及其海外的海上风电市场。波兰发布的《2040 年波兰能源政策》（*Energy Policy of Poland until 2040*，PEP2040）拟大幅增加核能和可再生能源在能源结构中的比例，不断降低对煤炭的依赖。韩国也将大幅降低煤炭发电比例，力争到 2040 年将可再生能源发电比例提高到 30%～35%。

IEA 在《可再生能源 2020：到 2025 年的分析和预测》中表明，电力行业在推动可再生能源恢复发展的进程中发挥了举足轻重的作用，到 2025 年，可再生能源将超过煤炭，成为全球最大的发电来源，将提供世界 1/3 的电力。尽管面临新型冠状病毒暴发的挑战，但可再生能源发展的基本面并没有改变。在大多数国家中，光伏发电和陆上风电已是增加新发电厂最便宜的方式。在拥有良好资源和廉价融资的国家中，风力发电站和光伏电站将挑战现有的化石燃料电站。目前，太阳能项目提供的电力成本是历史上最低的。总的来说，到 2025 年，可再生能源发电量将占全球发电量净增电量的 95%。光伏发电装机容量将占可再生能源发电新增装机容量的 60%，风电装机容量将占可再生能源发电新增装机容量的 30%。在成本进一步下降的推动下，海上风电发电量将激增，到 2025 年将占风电发电量的 1/5，相关市场将从欧洲转移到中国、美国等仍有巨大潜力的新市场。

1.1.3　能源产业数字化与新兴能源基础设施应用呈现融合发展

新能源主要包括太阳能、风能、生物质能和地热能等。近年来，新能源技术性能快速提高、经济性持续提升、应用规模加速扩张，形成多种新能源加快替代传统化石能源的趋势。根据 21 世纪可再生能源政策网络（Renewable Energy Policy Network for the 21st Century，REN21）的统计，截至 2021 年底，至少 38 个国家与欧盟制定了氢能战略，其中大多数国家在欧洲。2021 年，在北美地区，美国提供 80 亿美元用于可再生能源制氢和"氢能枢纽"的建设，并计划到 2030 年将低碳氢的成本降低 80%。在欧洲，西班牙将在 2022～2025 年为可再生氢生产设施提供 15 亿欧元；德国将为 62 个制氢项目提供 80 亿欧元；葡萄牙计划在 2030 年之前开发 2～2.5GW 电解制氢产能，并建设 50～100 座氢燃料发电站。在亚洲，沙特阿拉伯和阿曼发布了将完全依靠可再生电力建设氢电解厂的发展战略；乌兹别克斯坦制定了促进可再生氢生产的战略，包括支持开发新的可再生能源发电量。在拉丁美洲，哥伦比亚预计到 2030 年拥有 1～3GW 的电解制氢产能。

近年来，美国、欧盟、日本等主要发达国家或地区在能源数字化领域开展了大量探索和实践。西门子股份公司通过数字化、大数据、人工智能、云边协同等技术将能源网与工业互联网融合，实现设备的数字化、业务的数字化及数字的业务化，从而落实电网的数字化、智能化，提升新能源电力的稳定性和可靠性。施耐德电气有限公司基于 EcoStruxure 架构（一种能效管理平台），以可靠互联的设备为基础，以高效智能的系统方案为条件，辅以数据优化、智慧运维、资产增值的闭环管理，为新能源行业应用的实时控制、可靠运行、高效运维保驾护航，从而带动从发电到并网全链路价值提升。

我国于 2016 年印发的《关于推进"互联网＋"智慧能源发展的指导意见》中提出推进能源互联网发展。能源互联网是指将互联网与能源生产、传输、存储、消费及能源市场深度融合的能源产业发展新形态。通过综合运用先进的电力电子技术、信息技术和智能管理技术，将大量由分布式能量采集装置、分布式能量储存装置和各种类型负载构成的新型电力网络、石油网络、天然气网络等能源节点互联起来，以实现能量双向流动的能量交换与共享网络。在全球新一轮科技革命和产业变革中，互联网理念、先进信息技术与能源产业深度融合，正在推动能源数字化转型。

能源系统多元化迭代蓬勃演进。能源系统形态加速变革，分散化、扁平化、去中心化的趋势特征日益明显，分布式能源快速发展，能源生产逐步向集中式与分散式并重转变，系统模式由大基地大网络为主逐步向与微电网、智能微网并行转变，推动新能源利用效率提升和经济成本下降。新型储能和氢能有望规模化发展并带动能源系统形态根本性变革，构建新能源占比逐渐提高的新型电力系统蓄势待发，能源转型技术路线和发展模式趋于多元化。

1.2　新能源应用基础设施发展需求

1.2.1　交通行业载具电动化与智能化转型加速

全球各行业二氧化碳排放量中交通行业的二氧化碳排放量居高不下，占比由 1990 年的 22.47%上升到 2019 年的 24.45%，这对于全球碳中和的实现是一项重大挑战，而发展清洁替代燃料是交通行业碳减排的重要途径。2021 年，欧盟、美国等领先市场开始对其汽车二氧化碳排放标准或其他相关的汽车法规收紧，进一步加速交通行业电动化转型。

2021 年，多个国家和地区提出了针对轻型车的电动化转型目标（表 1.1）。2021 年 7 月，欧盟提出了《乘用车和厢式货车新车二氧化碳排放性能标准》（*CO$_2$ Emission Performance Standards for New Passenger Cars and for New Light Commercial Vehicles*），2030 年乘用车和厢式货车车队平均的新车二氧化碳排放量将在 2021 年的基础上分别降低 55%和 50%。2021 年 12 月，美国提出了《2023 年及以后轻型汽车温室气体排放标准（修订版）》（*Revised 2023 and Later Model Year Light-duty Vehicle Greenhouse Gas Emissions Standards*）。根据美国环境保护局（United States Environmental Protection Agency，EPA）的预测，修订后的排放标准将在 2022～2026 年使车队平均的二氧化碳年排放量降低 8%，2026 年轻型车销量中电动汽车销量的占比将达到 17%。

表 1.1　部分国家 2021 年新提出的针对轻型车的电动化转型目标

国家	目标年份	目标
芬兰	2030	电动乘用车和电动厢式货车的保有量分别达到 70 万辆和 4.5 万辆
印度尼西亚	2030	电动乘用车的保有量达到 200 万辆
新加坡	2030	所有新注册的乘用车均为清洁能源汽车
泰国	2035	所有新销售的乘用车均为零排放汽车
加拿大	2035	所有新销售的轻型车均为零排放汽车
奥地利	2030	所有新注册的轻型车均为零排放汽车
美国	2030	新销售的乘用车中有 50%是电动汽车
智利	2035	所有新增的轻型车均为零排放汽车
中国	2025	出租车和网约车的保有量实现 30%的电动化率
		物流车的保有量实现 20%的电动化率

中国各行业二氧化碳排放量中交通行业的二氧化碳排放量位居第三,达到 8.9 亿 t,占比由 1990 年的 4.66% 上升到 2020 年的 10.4%。近年来,中国交通行业二氧化碳排放量已经超过 10 亿 t,且仍在持续增长,因此交通行业电动化有利于碳减排,进而实现我国碳达峰、碳中和目标。同时,受国际形势的影响,原油价格波动较大,这对传统交通行业的影响巨大。为应对能源危机,中国正在积极推动能源转型,减少对化石燃料的依赖,加快推动交通行业电气化的进程,将燃油汽车转型为新能源汽车是交通行业绿色转型的重要步骤,也是中国碳减排任务的重要环节。

新能源的规模化应用是实现我国碳达峰、碳中和目标的主要抓手,是促进经济社会全面绿色低碳转型的重要支撑。习近平总书记指出,发展新能源汽车是我国从汽车大国迈向汽车强国的必由之路。我国新能源产业发展迅速,新能源应用全面铺开,储能电站、充电桩/站、换电站、加氢站、综合能源站等能源基础设施也将处于爆发性增长时期。

智能化也在不断深入新能源应用领域,智能充电为电力系统带来新机遇。智能充电主要有三种类型:①错峰充电,通过峰谷电价激励用户在非高峰时段或在电力过剩时充电;②智慧有序充电,通过技术手段对电动汽车充电时间段、充电功率进行调节,响应电网调度需求,实现电动汽车负荷的可观/可测/可调;③车辆到电网(vehicle to grid,V2G)技术,通过电动汽车与电网双向互动技术,将电动汽车作为分布式储能设备,当电网负荷过高时,由电动汽车储能源向电网馈电,当电网负荷低时,电动汽车用来存储电网过剩的发电量,避免造成浪费。

随着新能源汽车的高速发展,电力需求与联网设备数量骤增,其充电负荷给电力行业带来不容忽视的挑战。新能源应用基础设施的智能化和数字化对于电力系统的灵活使用变得至关重要。IEA 预计,为 2050 年实现净零排放,全球电网的灵活性应增加 4 倍。电动汽车及其电池可以作为巨大的灵活性储能设施来促进能源转型。

1.2.2　充换电站及发电一体化应用发展成为市场新需求点

据公安部统计,截至 2022 年 9 月底,全国新能源汽车保有量达 1149 万辆,占汽车保有量的 3.65%。其中,纯电动汽车保有量为 926 万辆,占新能源汽车保有量的 80% 以上。随着新能源汽车产/销量的逐步上涨,对充电桩的需求也在逐步增加。同时,《中华人民共和国国民经济和社会发展第十四个五年规划和二〇三五年远景目标纲要》提出聚焦新能源汽车等战略性新兴产业,加快关键核心技术创新应用,增强要素保障能力,培育壮大产业发展新动能。

充电桩属于新能源汽车产业链上游,受新能源汽车利好,充电桩产业迎来发展新机遇。充电桩布局加快,充换电相互补充、并行发展。整体来看,我国新能源汽车市场前景依然向好,发展潜力巨大。虽然充电基础设施布局日渐完善,但与新能源汽车保有量相比仍有不足,未来还将加快增长。

相对于充电桩的发展,当前换电站的发展规模仍较小,还处于市场摸索的初步发展阶段。随着新能源汽车技术的进步,纯电动汽车的续航能力不断提升,消费者的里程焦虑逐步缓解,但补能焦虑逐渐凸显,成为新能源汽车消费的主要痛点。当下充换电相互补充、并行发展,形成多元化补能体系已成为发展共识。

未来新能源汽车能源补充方式将呈现多样化和场景化,换电作为运营类车辆能量补给方式的补充会得到进一步发展,预计 2025 年将有更多的车企开发和应用换电车型。例如,运营类车辆较为集中的城市将积极推广换电模式,并将在政策上给予支持,通过一定规模的换电站推广,推动换电设施技术进步及标准化,探索新的发展路径和运营模式。

另外,从目前的趋势来看,光储充一体化成为电动汽车充电站建设的发展新方向,逐步偏向综合能源站建设。光储充一体化电站能够利用储能系统在夜间进行储能,在充电高峰期通过储能电站和电网一同为充电站供电,既实现削峰填谷,又节省配电增容费用,同时有效解决新能源发电间歇性和不稳定等问题。通过新能源、储能、智能充电互相协调支撑的绿色充电模式,采用“绿色充电,以光养桩”的运行策略模式,实现新能源的高效利用和可靠供电,助力实现清洁电力、绿色出行。

1.2.3　氢能及全流程应用潜力大,基础设施建设空间大

氢能产业发展是实现碳达峰、碳中和目标的关键性能源领域,助力交通行业能源消费低碳转型,促进能源消费革命。在道路交通领域,2015 年以来,重型载货汽车保有量约为汽车保有量的 3%,据测算,重型载货汽车二氧化碳排放量占我国道路交通二氧化碳排放量的 40%～55%。综合考虑我国物流业蓬勃发展和电力系统清洁化趋势,若仅依靠柴油发动机能效提高、纯电动汽车推广和天然气汽车推广三种技术路线,延续现有政策的预计结果是 2030 年前道路交通领域碳达峰实现难度极大。氢燃料电池汽车在大载重、长续驶、高强度的道路交通运输体系中具有先天优势,较纯电动中重卡更符合终端用户的使用习惯,又具备替换传统汽车的潜力。结合低碳氢和绿氢生产,氢燃料电池汽车是推动我国道路交通领域实现碳达峰的主要途径之一。

在氢气制备方面,我国是世界上最大的制氢国,2021 年制氢量约 3300 万 t。近两年,可再生能源制氢发展态势良好,但与实现可再生能源制氢量规模化发展仍有很大的距离。在氢气储运方面,我国现阶段以高压气态长管拖车运输为主。液态储运、固态储运均处于小规模实验室阶段。在管道输氢方面,相关技术仍然不成熟,2022 年我国氢气管道里程约 400km,在用管道仅百千米左右,输送压力为 4MPa。未来在氢能制—储—运各环节,我国各类技术设备仍需完善。

在氢能应用方面，根据中国汽车工业协会发布的数据，2021 年中国燃料电池汽车产/销量分别为 1777 辆和 1586 辆，同比增长 48% 和 35%，如图 1.1 所示。虽然燃料电池汽车一直保持千辆级规模，但氢燃料电池汽车具有零排放、续航里程长、快速补能的优势，具备替换传统汽车的潜力，其未来发展尤其是在长途载重运输车型等商用车领域的发展前景广阔。国家发展和改革委员会（简称国家发展改革委）、国家能源局联合印发的《氢能产业发展中长期规划（2021—2035 年）》中指明，到 2025 年燃料电池汽车保有量约 5 万辆。

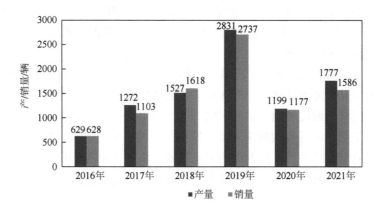

图 1.1　2016～2021 年我国燃料电池汽车产销量

加氢站主要用于氢燃料电池汽车氢气加注，是联系氢能全产业链上游制氢与储运和下游应用的重要枢纽。高密度的加氢站建设是氢燃料汽车大规模推广的必备条件。为实现"十四五"期间氢燃料电池汽车的保有量目标，对加氢站的需求也会不断提升，投入运营加氢站的数量也将实现快速增长。从新建加氢站类型来看，油氢合建站、油氢电气综合能源站等综合能源站新建比例逐年提升，2021 年中国新建加氢站中约 50% 为合建站，2022 年该比例也保持在 45%，油氢电气综合能源站仍然为加氢站发展的主流趋势。广东、河南、河北、山东等多地出台的氢能政策重点鼓励新建合建站，同时配套相关的建站补贴。

目前中国氢能产业发展进入基础设施（尤其是加氢站）大规模建设阶段，氢能市场的发展需要稳定、绿色的氢源保供体系，以及完善的储运体系等。

1.2.4　储能及综合能源站是构建新型电力系统的重要应用

根据国网能源研究院发布的《2021 中国新能源发电分析报告》的数据，2011 年以来，我国新能源发电装机容量不断上升，如图 1.2 所示，2021 年达到 63741MW，占全国装机总量的 26.7%，2030 年该比例将达 41%。

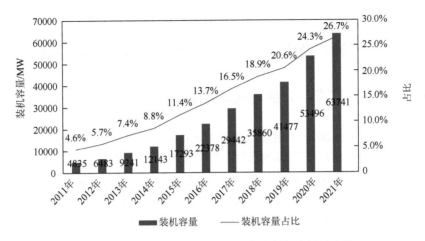

图 1.2　2011～2021 年我国新能源发电装机容量及占比

与传统化石能源发电相比，新能源发电单机容量小、数量多、布点分散，且受季节、天气等外部环境影响大，具有显著的间歇性、波动性、随机性特征。在时段分布上，新能源出力与用电负荷存在较大差异。例如，风电一般夜间出力较大，但此时用电负荷较小；光伏发电中午出力超过电力系统需求或消纳能力，傍晚出力快速减小，但此时用电负荷正迎来晚高峰。新型储能则可实现在电网负荷低时充电并在电网负荷高峰时放电，降低负荷高峰，填补发电低谷，促进可再生能源的消纳，有效降低弃风弃光率。同时，新型储能既能平滑不稳定的光伏发电和风电，提高可再生能源发电占比，也能配合常规火电、核电等电源，为电力系统运行提供调峰、调频等辅助服务，提高电力系统的灵活性。

尽管我国的储能装机规模世界第一，但储能与风电、光伏发电等新能源装机规模的比例（简称储新比）不到 7%；相对而言，其他国家和地区的平均储新比已达 15.8%。随着新型储能技术尤其是容量型储能技术在安全、成本和可持续发展方面取得综合性突破，储能规模不断增加，我国储新比还有很大的增长空间。

同时，储能是综合能源系统的核心技术，在综合能源系统中发挥互联与协调运行作用。例如，在电-气协调中，新兴的制气技术能够利用多余电能制造出天然气、氢气等，产生的气体不仅能够应用到工业中，而且可以进行反向发电。又如，在电-热协调中，由于电能容易输送但不容易储存，热能容易储存但不容易输送，通过热储能系统将电力系统和热力系统互联，可充分发挥各自输送和存储的优势，因此综合能源站的建设将会带动储能技术的协同发展。综合能源站建设模式利好加氢、充电等传统加油站市场的经济性探索，或将成为主流建设方向。

1.3　全球新能源应用基础设施和新能源汽车发展规划

1.3.1　全球电动汽车与充换电发展规划

从全球范围看，2021 年电动汽车领域加速发展，欧洲、美国也加快了电动汽车发展转型的步伐。尽管全球电动汽车产业面临新冠疫情、芯片短缺、电池原材料涨价等不利因素影响，全球电动汽车销量仍然处于加速增长趋势。根据 IEA 发布的《全球电动汽车展望 2022》（*Global EV Outlook 2022*）数据，截至 2021 年底，全球电动汽车保有量超过 1650 万辆，为 2018 年底的 3 倍，如图 1.3 所示。

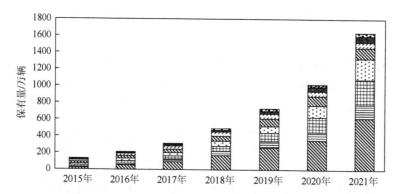

图 1.3　2015～2021 年全球电动汽车保有量

受新冠疫情和芯片短缺的影响，2021 年全球汽车市场总销量仅增长 4%，尽管汽车市场低迷、供应链受阻，但电动汽车销量达到 660 万辆，同比增长 109%，占全球汽车市场总销量的 9%，如图 1.4 所示。其中，中国和欧洲电动汽车销量合计占全球电动汽车销量的 85%以上。分市场来看，2021 年，中国电动汽车销量（330 万辆）超过了 2020 年的全球电动汽车销量。2021 年，中国电动汽车保有量仍为全球最大，达到 780 万辆。虽然购车补贴减少，但是 2021 年的电动汽车销量增长表明中国电动汽车市场正在走向成熟。欧洲电动汽车市场在 2020 年繁荣之后仍保持强劲增长，欧洲达到世界上最高的电动汽车普及率。2021 年，欧洲电动汽车销量继续同比增长 65%以上，达到 230 万辆。美国电动汽车销量在连续两年下降 10%之后，2021 年有所增长。2021 年，美国电动汽车销量约 63 万辆，超过 2019 年和 2020 年的电动汽车销量总和。电动汽车市场占比逐渐增大，根据 IEA 预测，到 2030 年，全球电动汽车的销量将超过 7000 万辆，保有量将达到 3.8 亿辆，新车渗透率有望达 60%。

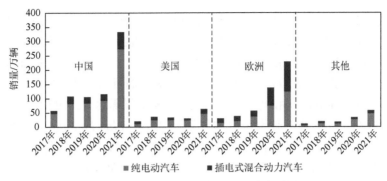

图 1.4　2017～2021 年全球电动汽车销量

欧洲、美国在严苛的碳排放政策下出台了多项电动汽车发展政策。欧洲于 Fit for 55 组合政策中要求 2035 年实现新车 100%零排放。德国提出要将交通行业二氧化碳排放量从 2020 年的 1.46 亿 t 减少到 2030 年的 8500 万 t，将 2030 年零排放汽车保有量目标增至 1500 万辆，准备引入碳排放税，增加传统燃油车的出行成本。美国拜登政府发布行政令，要求 2030 年乘用车和轻型卡车新车销售量的 50%为零排放车辆。

在相关产业方面，欧盟已经在 70 余个研发制造项目中投资超过 200 亿欧元，到 2025 年实现动力电池 100%本地供给；投入约 430 亿欧元，通过立法设定欧盟芯片产能 2030 年全球占比 20%的目标。美国正在与邻国或合作伙伴共同建立安全的动力电池跨国供应链，以期补齐在电动汽车领域的短板，并计划设立芯片基金、补贴 520 亿美元激励企业本地生产，建立更有弹性的半导体供应链。

在充电桩方面，根据 *Global EV Outlook 2022* 数据，截至 2021 年，全球公共充电桩保有量接近 180 万个，新增约 50 万个，超过 2017 年可用公共充电桩总数，但增长率为 37%，低于新冠疫情发生前的年均增长率（约 50%），其中，直流充电桩保有量的增长率高于交流充电桩保有量的增长率。美国、欧盟公共充电桩保有量依旧保持快速发展态势，如图 1.5 所示。

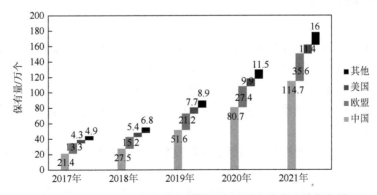

图 1.5　2017～2021 年全球主要国家和地区公共充电桩保有量

　　截至 2021 年底，欧盟公共充电桩达 35.6 万个，相比 2020 年增长 30%。其中，交流充电桩为 30.7 万个，相比 2020 年增长 30.08%；直流充电桩为 4.9 万个，相比 2020 年增长 28.95%。绿色倡议组织"交通与环境"（Transport & Environment，T&E）发布研究报告称，为实现欧盟"气候中和"的目标，到 2030 年，欧盟电动汽车保有量将达 4400 万辆，电动汽车公共充电桩数量需达到约 300 万个。2019 年，德国政府发布了《电动基础设施总体规划》（*Masterplan Ladeinfrastrukture*），提出到 2030 年，建成 100 万个公共充电桩。2022 年 3 月 25 日，英国政府发布《电动汽车基础设施战略》（*Electric Vehicle Infrastructure Strategy*），提出将投资至少 16 亿英镑以大幅扩充电动汽车充电网络，旨在完成 2030 年禁止销售新的汽油和柴油汽车的目标；到 2030 年，将电动汽车充电桩的数量增加至 30 万个；到 2035 年，在英格兰高速公路上安装超过 6000 个超快充电桩。

　　截至 2021 年，美国共运营各类充电站 4.7 万个，充电桩 11.4 万个，充电桩数量相比 2020 年增长 15%。其中，交流充电桩为 9.2 万个（主要为 Level 2 型[①]），相比 2020 年增长 12.2%；直流充电桩为 2.2 万个，相比 2020 年增长 29.41%。2021 年，美国政府通过了《基础设施投资和就业法案》（*Infrastructure Investment and Jobs Act*），该法案计划提供 75 亿美元政府资金加快启动充电设施建设，并在 2030 年前将充电桩总量增加到 50 万个；2022 年 2 月，美国政府公布了一项将在五年内拨款近 50 亿美元建造数千个电动汽车充电站的计划。

　　日本电动汽车多为混合动力汽车，纯电动汽车占比较低，充电基础设施增长缓慢。2022 年，日本电动汽车普及率仅为 1% 左右。据日本地图供应商 Zenrin 的统计，2021 年公共充电桩减少了约 1000 个，总量为 29200 个，由于老旧充电桩趋于达到预期寿命，越来越多的充电桩将被闲置或被停用。到 2030 年，日本计划将电动汽车充电桩数量增加到 15 万个。

1.3.2　全球储能发展规划

　　根据中关村储能产业技术联盟数据，截至 2021 年底，全球储能项目累计装机规模达 209.4GW，同比增长 9%。其中，抽水蓄能的累计装机规模占比首次低于 90%，同比下降 4.1 个百分点；新型储能的累计装机规模紧随其后，为 25.4GW，同比增长 67.7%。在新型储能产业中，锂离子电池储能占据绝对主导地位，市场份额超过 90%。

　　2021 年，全球新增投运电力储能装机规模达 18.3GW，同比增长 185%，其中，

---

　　① 美国汽车工程师学会将美国充电桩根据充电速度和输入电压等技术标准分为三类——Level 1、Level 2、Level 3，分别对应电压 120V、240V 和 480V。其中，Level 1、Level 2 为交流，Level 3 为直流。

新型储能的新增投运规模最大,达到 10.2GW。美国、中国和欧洲依然引领全球储能市场的发展,三者新增投运新型储能装机规模合计占全球市场的 80%,如图 1.6 所示。

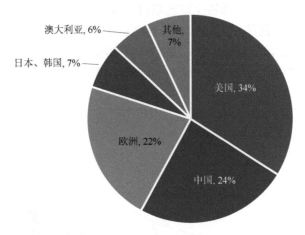

图 1.6 2021 年全球新增投运新型储能项目地区分布

2021 年,美国新增储能装机规模超过 3.5GW,是 2020 年的 2 倍多,电网规模储能和分布式电池储能均实现了创纪录增长。德国户用储能已形成吉瓦·时级市场,2021 年市场规模为 89 亿欧元,占欧洲户用储能市场规模的 59%。英国自在英格兰和威尔士允许建设 50MW 和 350MW 以上的储能项目后,装机规模迅速攀升。2020 年,爱尔兰为储能资源开放辅助服务市场规划的电网级电池储能装机规模超过 2.5GW。

IRENA 在其展望报告《电力储存与可再生能源:2030 年的成本与市场》(*Electricity Storage and Renewables:Costs and Markets to 2030*)的基本预测情景中提出,到 2030 年,全球储能装机规模将比 2017 年增长 42%~68%,如果可再生能源增长强劲,那么储能装机规模增长幅度将达到 155%~227%。届时,可再生能源(不含大型水电站)消费量在全球终端能源消费总量中的占比将提高 1 倍,达到 21%。面向未来高渗透的新能源接入与消纳,需要构建高比例、泛在化、可广域协同的储能形态,并通过新能源加储能,变革传统电力系统的形态、结构和功能。预计到 2035 年,中国能源互联网储能(非抽蓄)需求将达到 150~200GW。

1.3.3 全球氢燃料电池汽车与氢能发展规划

根据韩国市场研究机构统计,截至 2021 年底,全球主要国家氢燃料电池汽车保有量为 49562 辆,同比增长 49%,如图 1.7 所示。韩国氢燃料电池汽车保有量最多，占比为 39%，美国氢燃料电池汽车保有量占比为 25%，中国和日本氢燃料电池汽车保有量则分别占比 18% 和 15%。2021 年，全球氢燃料电池汽车总销量达 1.7 万辆，同比增长 83.0%。韩国依然是全球氢燃料电池汽车销量最高的国家，2021 年共售出 8498 辆，约占全球氢燃料电池汽车总销量的 50%。氢能委员会（Hydrogen Council）预计，到 2050 年，氢能将承担全球 18% 的能源终端需求，创造超过 2.5 万亿美元的市场价值，氢燃料电池汽车数量将占据全球车辆总量的 20%～25%，届时将成为与汽油、柴油并列的终端能源体系消费主体。

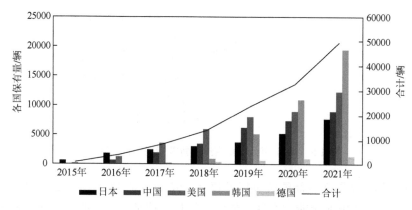

图 1.7　2015～2021 年全球主要国家氢燃料电池汽车保有量

在加氢站方面，截至 2021 年底，全球共有 685 座加氢站投入运营，分布在 33 个国家或地区。根据 H2stations 历年公布的数据，2017～2021 年，全球加氢站保有量从 328 座增长到 685 座，增加了 109%，如图 1.8 所示，全球氢能产业建设进入快速发展时期。亚洲、欧洲、北美地区是加氢站建设的主要地区。截至 2021 年底，欧洲共有 228 座加氢站投入运营。值得注意的是，德国在 2021 年仅

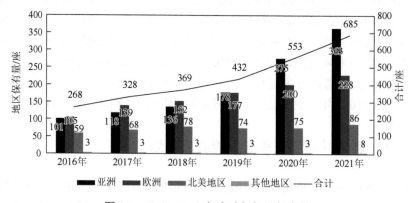

图 1.8　2016～2021 年全球加氢站保有量

增加了 1 座加氢站（2020 年增加 14 座，2019 年增加 27 座），作为 2018 年全球加氢站保有量最高的国家，德国加氢站建设速度有所放缓。截至 2021 年底，亚洲共有 363 座加氢站投入运营，占全球加氢站保有量的一半，其中，日本加氢站为 159 座，韩国加氢站为 95 座。韩国 2021 年新增加氢站 36 座，并不断扩大氢燃料电池汽车的基础设施规模。

世界主要发达国家近年来大力支持氢能产业发展。未来 5～10 年，氢能产业的技术攻坚、产业规模将进入快速发展阶段。

美国燃料电池与氢能协会（Fuel Cell and Hydrogen Energy Association，FCHEA）于 2019 年 11 月发布《美国氢能经济路线图》（*Road Map to a US Hydrogen Economy*），计划到 2025 年，氢燃料电池汽车运营数量将达到 20 万辆，叉车运营数量将达到 12.5 万辆，建设加氢站 1180 座，氢气需求量达到 1300 万 t。

欧盟委员会（European Commission）于 2019 年 2 月发布《欧洲氢能路线图：欧洲能源转型的可持续之路》（*Hydrogen Roadmap Europe：A Sustainable Pathway for the European Energy Transition*），提出到 2030 年氢燃料电池乘用车将达到 370 万辆，氢燃料电池轻型商业运输车将达到 50 万辆，氢燃料电池卡车和公共汽车将达到 4.5 万辆，并在建筑物中替代 7%的天然气，氢能产业将为欧盟创造约 1300 亿欧元的产值。

韩国政府于 2019 年 1 月正式发布《氢能经济发展路线图》，计划到 2025 年打造年产量达 10 万辆的氢燃料电池汽车生产体系，到 2040 年氢燃料电池汽车累计产量增至 620 万辆，普及 4 万辆氢燃料电池公交车，氢燃料电池汽车充电站增至 1200 座，氢燃料电池汽车售价有望降至 3000 万韩元。

日本政府于 2019 年发布新版《氢能与燃料电池路线图》，提出了新的发展目标。根据 H2stations 统计数据，截至 2020 年底，日本在运营的加氢站约 142 座，氢燃料电池汽车保有量约 4800 辆。该路线图预计，到 2025 年，氢燃料电池汽车保有量将达到 20 万辆，到 2030 年，氢燃料电池汽车保有量将达到 80 万辆；燃料补给网络包括 900 座加氢站。

1.3.4　全球综合能源站发展规划

综合能源服务能够提升能源利用效率，并且实现可再生能源规模化开发。目前许多国家针对各自的发展需求制定了综合能源发展战略，由多种能源形式组成的综合能源服务公司形态较为普遍。下面对欧盟、美国、日本的发展情况进行介绍。

欧盟较早提出综合能源系统的概念。欧盟第五框架计划（5th Framework Programme，FP5）将有关能源协同优化的研究提到了首要位置，例如，分布式发电、运输和能源（Distributed Generation Transport and Energy，DG TREN）项目综合考虑可再生能源综合开发与交通运输清洁化的协调配合；多能互补项目希望通过多种能源（传统能源和可再生能源）协同优化和互补，以实现未来替代或减少核能使用；微电网（Microgrid）项目研究用户侧综合能源系统，目的是实现可再生能源在用户侧的友好开发。

2020 年，欧洲能源转型智能网络技术与创新平台（European Technology and Innovation Platform Smart Networks for Energy Transition，ETIP SNET）发布了《2020—2030 年 ETIP SNET 研发实施计划》（*ETIP SNET R&I Implementation Plan 2020—2030*），提出了未来十年拟投入 40 亿欧元开展综合能源系统研究和创新优先活动，以推进实现欧洲 2050 年构建深度电气化、广泛数字化、完全碳中和的循环经济愿景。到 2030 年，欧洲综合能源系统将实现系统运营商、终端用能部门的融合与合作。

美国早在 2001 年即提出了"综合能源系统（integrated energy system，IES）发展计划"，以促进分布式能源和冷热电三联供技术的进步和推广应用。2007 年，美国政府颁布了《2007 年能源独立与安全法案》（*Energy Independence and Security Act of 2007*），要求社会主要供用能环节必须开展综合能源规划。2009 年，智能电网被列入美国国家战略。2018 年，美国政府出台的《美国重建基础设施立法纲要》（*Legislative Outline for Rebuilding Infrastructure in America*）提出，设立 200 亿美元的创新转型项目计划，发展自动驾驶技术和车辆、新轨道运输技术、无人机、模块化基础设施技术等，为综合能源站建设提供政策基础。2021 年 6 月，美国能源部（Department of Energy，DOE）发布了《综合能源系统：协同研究机遇》（*Hybrid Energy Systems：Opportunities for Coordinated Research*），探讨了综合能源系统技术研究开发的机遇和挑战，为综合能源系统建设提供技术指导。

日本的能源严重依赖进口，因此日本成为最早开展综合能源系统研究的亚洲国家。2009 年 9 月，日本政府公布了其 2020 年、2030 年和 2050 年温室气体的减排目标，并认为构建覆盖全国的综合能源系统、实现能源结构优化和能效提升、促进可再生能源规模化开发是实现这一目标的必由之路。在日本政府的大力推动下，其国内主要能源研究机构都开展了此类研究，并形成了不同的研究方案，例如，由日本新能源及产业技术综合开发机构（New Energy and Industrial Technology Development Organization，NEDO）于 2010 年 4 月发起并成立了日本智能社区联盟（Japan Smart Community Alliance，JSCA），在社区综合能源系统（包括电力、燃气、热力、可再生能源等）的基础上实现与交通、供水、信息和医疗系统的一体化集成。

1.4　新兴新能源应用基础设施的研究范畴

结合能源转型发展与技术发展及市场需求分析,本书涉及的新能源应用基础设施的研究范畴主要包括以下四大类。

1.4.1　充换电站基础设施

充电桩是为新能源汽车(包括纯电动汽车和插电式混合动力汽车)补充电能的装置,功能类似于加油站里的加油机,可安装于公路、办公楼、商场、公共停车场和住宅小区停车场等场所,根据不同的电压等级为各种类型的新能源汽车充电,可分为交流充电桩和直流充电桩。新能源汽车结构不同,其充电方式也不同。按照连接方式,整车充电包含传导式充电和感应式充电。交流充电主要是指将交流电直接充入车载充电机中,再将交流电转化为直流电为汽车充电。通常情况下,交流充电效率较低,并且时间较长,但是交流充电可以充分利用夜间波谷,减轻电网用电压力。直流充电是指直接通过充电机对汽车进行充电。直流充电速度较快,并且效率较高,主要应用于公交车、出租车及家用汽车的充电,但是直流充电基础设施的建设成本比较高(其建设完成后的经济效益也比较高)。感应式充电主要是指采用无线连接的方式完成对新能源汽车的充电。感应式充电更加便捷,并且充电过程中不会有连接线路的困扰,目前较多应用于公交车的充电。

根据用户的使用场景,充电桩可分为公用充电桩、专用充电桩和私人充电桩。公用充电桩是指完全面向社会车辆服务的充电桩;专用充电桩是指面向部分特定社会车辆服务的充电桩;公共充电桩包括公用充电桩和专用充电桩。私人充电桩是个人建造的、以满足自用需求为主的充电桩。根据安装方式,充电桩可分为落地式充电桩、挂壁式充电桩。根据安装地点,充电桩可分为室内充电桩、室外充电桩。根据充电接口,充电桩可分为一桩一充、一桩多充。

换电站通过集中型充电站对集中存储的电池集中充电、统一配送,并在电池配送站内对电动汽车进行电池更换服务。

目前,换电模式技术路线主要有三种,分别是电池包整体式换电、电池包分箱式换电和移动换电车换电。电池包整体式换电是指对动力电池包进行整体更换的换电方式。整车搭载的动力电池包是一个整体,通常位于整车底部,在整车底部进行换电操作。电池包分箱式换电是指对动力电池分开更换的换电方式。整车搭载多个相互分开的动力电池箱,且电池箱通常被设计成规格一致的标准电池箱,实现电池箱之间的互换操作。移动换电车换电是指采用车辆先将满电电池运送至需要换电的车辆处,再进行电池更换的换电方式。电池包整体式换电和电池包分箱式换电属于固定式换电，移动换电车换电则属于非固定式换电。乘用车领域主要采用电池包整体式换电和电池包分箱式换电，商用车领域则主要采用电池包分箱式换电。移动换电车换电作为电池包整体式换电和电池包分箱式换电技术的一种补充，应用较少。换电模式包括底盘垂直换电、底盘侧方换电、发动机舱换电或后备厢换电，目前底盘换电为市场主流换电模式。

1.4.2　储能基础设施

根据能量存储形式，广义储能包括电储能、热储能和氢储能三类。电储能是最主要的储能方式，按照存储原理，电储能分为化学形式储能和物理形式储能两种技术类型，如图 1.9 所示。其中，化学形式储能是指各种二次电池储能，主要包括锂离子电池、铅酸电池和钠硫电池等；物理形式储能主要包括飞轮储能、抽水蓄能和压缩空气储能等。不同储能产品在寿命、成本、效率、规模、安全等方面的参数不同，可以满足不同应用场景的需求。氢储能利用电解制氢，将间歇波动、富余电能转化为氢能储存起来；在电力输出不足时，利用氢气通过燃料电池或其他发电装置发电回馈至电网系统。新型储能是指除抽水蓄能以外的新型储能技术，包括新型锂离子电池、液流电池、飞轮储能、压缩空气储能、氢（氨）储能、热（冷）储能等。

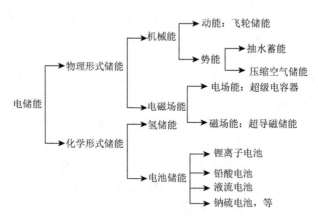

图 1.9　电储能技术分类

1.4.3　氢能基础设施

氢能是一种来源丰富、绿色低碳、应用广泛的二次能源，其全流程基础设施涵盖氢能的制—储—运—加等各环节。制氢设施通过不同的制氢工艺产出含氢气体，经纯化技术提纯为高浓度的氢气；再经过压缩机加压，通过管道直供用氢客户或通过充装汇流排注入管束车、气瓶等储氢容器。制氢工艺分为煤制氢、天然气重整制氢、甲醇裂解制氢、电解水制氢、工业副产氢等。

输氢形式主要分为管道输氢、长管拖车、液氢槽车输氢等。管束车、液氢槽车均是氢储运设备，是外供氢加氢站与制氢站的连接纽带，将制氢站产出的氢充装至储运设备内，运输至加氢站，并将加氢站卸氢结束的储运设备送回制氢站进行充装。管道输氢适宜短距离、大流量输氢，也是传统工业最主要的输氢形式。站内制氢加氢一体站模式也属于管道输氢。其他常规加氢站一般采用长管拖车或液氢槽车输氢，国内加氢站以长管拖车为主。

供氢模式主要分为站内制氢模式、外供氢模式。加氢设施使氢源通过压缩装置、储氢瓶组、加氢机及管路系统，采取一定的控制策略，实现对氢能源车辆的加注。根据供氢模式及能源供应组合，加氢站分为高压气氢加氢站、液氢加氢站、制氢加氢一体站、油氢电综合能源站、换氢站。按照建设方式，加氢站可分为固定站与撬装站两种。目前国内固定站主要有高压气氢加氢站、综合能源站（油氢、油氢电等）、制氢加氢一体站三种，国外还有部分液氢加氢站。各种加氢站如图 1.10 所示。

(a) 高压气氢加氢站

(b) 综合能源站

(c) 液氢加氢站

(d) 撬装站

图 1.10　各种加氢站

1.4.4　综合能源站基础设施

目前综合能源站尚在试点阶段，名称还未统一。国家电网有限公司（简称国家电网）称为多站融合，中国南方电网有限责任公司（简称南方电网）称为多站合一；国家能源局则称为多功能综合一体站。

　　无论是多站融合、多站合一，还是多功能综合一体站，更多的是指基础设施的组合形式。目前综合能源站落地项目类型列举如表 1.2 所示。

表 1.2　综合能源站落地项目类型列举

地点	类型
苏州	变电站＋光伏电站＋风电站＋充电桩＋智慧灯杆＋气象站
同里	变电站＋储能电站＋数据中心
寿光	智慧变电站＋数据中心＋充电站＋光伏电站＋储能电站＋无人营业服务站＋5G 基站
东莞	变电站＋数据中心＋移动储能电站＋充电站＋分布式光伏发电站＋5G 基站

　　注：5G 指第五代移动通信技术（5th-generation mobile communication technology）。

　　综合能源站是可提供能源补给、基础服务、辅助服务等服务功能模式的一站式综合服务体，其中，能源补给包括加油、加气、充电、换电、加氢、光伏发电，基础服务包括便利店、汽车服务、广告、快餐、尾气处理液加注，辅助服务包括保险金融、服务类业务、专柜销售、公益便民、电子商务等。

第 2 章　我国能源转型期新兴基础设施和新能源汽车发展现状

2.1　新能源应用基础设施发展总体动态

2.1.1　充换电基础设施发展动态

随着新能源汽车的高速发展和产业生态的完善，我国充电基础设施建设持续跟进，在坚持"适度超前、合理布局"发展理念下，充电基础设施已从最早重视规模建设到后来注重产业运营，再到现在向创新模式探索及新型产业生态建设方向发展，形成多元融合的新能源汽车充换电保障体系。

2021 年，充电基础设施同新能源汽车呈现爆发式增长。根据中国电动汽车充电基础设施促进联盟（简称中国充电联盟）数据，2021 年，我国充电基础设施保有量达到 261.7 万个，同比增加 56%，如图 2.1 所示，车桩比为 3.7∶1。2021 年充电总电量达到 111.5 亿 kW·h，同比增加 58%，汽车充电需求依旧保持增长态势。2022 年，全国充电基础设施累计数量为 520.9 万个，充电基础设施增量为 259.2 万个，充电基础设施与新能源汽车继续爆发式增长，充电基础设施建设能够基本满足新能源汽车的快速发展需求。

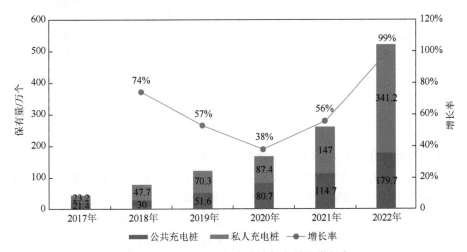

图 2.1　2017～2022 年充电桩保有量及增长率

在公共充电桩方面，2021 年全国累计建设公共充电站 7.47 万座，公共充电桩保有量达到 114.7 万个，同比增长 42.1%。其中，公共直流充电桩为 47.0 万个、交流充电桩为 67.7 万个、交直流充电桩为 589 个，平均月均新增公共充电桩 2.83 万个。

在私人充电桩方面，根据 2021 年中国充电联盟对 185 万辆新能源汽车采样到的数据进行的分析，其中，随车配建充电桩的车辆有 147 万辆，未安装充电桩的车辆有 38 万辆，未实现随车配建充电桩的占比约为 20.5%。集团用户自行建桩、居住地没有固定停车位、居住地物业不配合是未实现随车配建充电桩的主要原因，占比分别为 48.6%、10.3%、9.9%，用户使用公共充电桩充电、工作地没有固定停车位、用户报桩难度大及其他原因导致未实现随车配建充电桩的占比为 31.2%。

在换电站方面，换电模式具有便捷、高效、快速补能的优点，同时有助于电池梯次利用和全生命周期监管，在出租车、网约车、重卡等对时间较为敏感的领域具有较好的应用前景，特别是近年来在国家顶层设计的鼓励下，换电站建设实现高速发展。如图 2.2 所示，2021 年，我国共建设换电站 1298 座，同比增长约 133.9%。截至 2022 年 9 月，我国已建成换电站 1762 座。

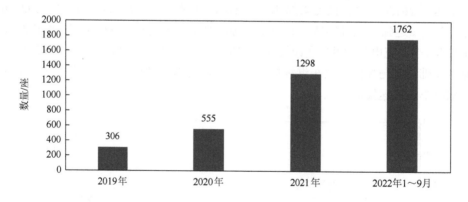

图 2.2　2019 年至 2022 年 9 月换电站数量

根据当前政策目标，以及新能源汽车快速增长、车桩比持续下行、公共充电桩占比提升、快充渗透率提升的假设，华安证券研究所预测，到 2025 年，新能源汽车销量达 1041.2 万辆，保有量达 3604 万辆，车桩比下降至 2.17∶1，公共充电桩占比提升至 45.7%（其中，公共直流充电桩占比提升至 46.1%，公共交流充电桩占比降至 53.9%），充电桩增量建设 446.5 万个，如表 2.1 所示。

表 2.1　充电桩 2025 年发展预测

参数	2017 年	2018 年	2019 年	2020 年	2021 年	2022 年	2023 年	2024 年	2025 年
新能源汽车保有量/万辆	153	261	381	492	784	1334	2056	2835	3604
新能源汽车销量/万辆	77.7	125.6	120.6	136.7	352.1	650.0	877.5	991.6	1041.2
车桩比	3.43∶1	3.36∶1	3.13∶1	2.93∶1	3.00∶1	2.70∶1	2.51∶1	2.33∶1	2.17∶1
公共充电桩保有量/万个	21.4	30.0	51.6	80.7	114.7	195.1	339.7	528.6	758.9
公共充电桩占比	48.0%	38.6%	42.3%	48.0%	43.8%	39.4%	41.4%	43.50%	45.7%
公共直流充电桩保有量/万个	6.1	10.9	21.5	30.9	47.0	81.5	149.1	232	349.7
公共直流充电桩占比	28.5%	36.3%	41.7%	38.3%	41.0%	41.8%	43.9%	43.9%	46.1%
公共交流充电桩保有量/万个	15.3	19.1	30.1	49.8	67.7	113.6	190.6	296.6	409.2
公共交流充电桩占比	71.5%	63.7%	58.3%	61.7%	59.0%	58.2%	56.1%	56.1%	53.9%
私人充电桩保有量/万个	23.2	47.7	70.3	87.4	147.0	299.5	480.5	687.0	903.2
私人充电桩占比	52.0%	61.4%	57.7%	52.0%	56.2%	60.6%	58.6%	56.5%	54.3%
充电桩保有量/万个	44.6	77.7	121.9	168.1	261.7	494.6	820.2	1215.6	1662.1
充电桩增量/万个	21.6	33.1	44.2	46.2	93.6	232.9	325.6	395.4	446.5

中国充电联盟发布的《2021~2022 年度中国电动汽车充电基础设施发展报告》也对未来新能源汽车发展方向做出了预测。随着新能源汽车的智能网联化，包括车联网技术的深入发展，充换电基础设施连接着新能源汽车及电网，会把整个基础设施的产业生态扩展到汽车服务（包括能源供给及车网互动等）领域。未来电动汽车补能将围绕以下三个主要趋势展开：①高电压平台，充电桩将加快升级改造，电压上限将提升至 1000V；②充换结合将成为未来的发展方向，储能将成为充换电站的拓展场景；③充电基础设施是未来连通电力交易和碳交易市场的关键环节。

2.1.2　储能基础设施发展动态

2021 年，储能行业迎来了前所未有的发展。截至 2021 年底，中国已投运电力储能累计装机规模达 46.1GW，占全球市场总装机规模的 22%，同比增长 30%。其中，抽水蓄能的累计装机规模最大，为 39.8GW，同比增长 25%。市场增量主要来自新型储能，其累计装机规模达 5729.7MW，同比增长约 75%。

2021 年，中国新增储能项目 146 个，装机规模共计 7397.9MW，其中，抽水蓄能项目 5 个，电化学储能项目 131 个（包括锂离子电池储能项目 120 个）。新增规划、在建、投运百兆瓦级储能项目的数量再次刷新纪录，达到 78 个，超过 2020 年同期的 9 倍，装机规模达 26.2GW。仅 2021 年 12 月，就有山东首批储能示范项目、湖南儒林储能电站项目、张家口中储国能压缩空气储能电站项目等 10 余个百兆瓦级项目相继并网。从新型储能规划、在建项目情况来看，以 2021 年为起点，中国储能市场进入真正意义上的规模化发展阶段。2021 年规划、在建、投运的 865 个装机规模总计 26.3GW 的储能项目中，投运的百兆瓦级项目仅 7 个，但规划、在建的百兆瓦级项目超过 70 个。从新型储能区域分布来看，2021 年新增新型储能项目分布在全国 30 多个省区市，山东依托"共享储能"创新模式引领 2021 年全国储能市场发展；江苏、广东延续用户侧储能先发优势，叠加江苏二期网侧储能项目的投运及广东的辅助服务项目，继续保持领先优势；内蒙古因乌兰察布电网友好绿色电站示范等新能源配储项目首次进入全国储能市场前五之列。

新型储能技术应用示范项目不断推进。在锂离子电池领域，宁德时代新能源科技股份有限公司（简称宁德时代）投建的基于锂补偿技术的磷酸铁锂储能电池寿命达到 1 万次，在福建调频、调峰方面应用效果良好；上海蔚来汽车有限公司（简称蔚来）发布的三元正极与磷酸铁锂电芯混合排布的新电池包的低温续航损失比磷酸铁锂电池包降低 25%，有望用于规模储能系统。在压缩空气储能领域，中国科学院在山东肥城建成了国际首套 10MW 盐穴先进压缩空气储能商业示范电站。在飞轮储能领域，华阳新材料科技集团有限公司两套单机 600kW 全磁悬浮飞轮储能系统将用于深圳地铁再生制动能量回收。

在政策鼓励和成本下降的趋势下，风电和光伏发电装机容量及发电量持续快速增长。可再生能源的大规模接入加大了发电端出力的波动性，也对电网的承受能力提出了挑战。新能源稳定并网需要配备调峰、调频装置，储能在其中起到关键的作用。伴随着新能源行业的发展，储能行业将迎来快速发展期。面对电化学储能商业化和规模化发展的需求，中央政府及地方政府出台了大力支持储能产业发展的相关政策。

2021 年 2 月，国家发展改革委、国家能源局印发《关于推进电力源网荷储一体化和多能互补发展的指导意见》，明确提出在源网荷储一体化实施中，引导电源侧、电网侧、负荷侧和独立储能等主动作为、合理布局、优化运行，实现科学健康发展，推进区域（省）级源网荷储一体化、市（县）级源网荷储一体化和园区（居民区）级源网荷储一体化，提升保障能力和利用效率，同时明确提出在多能互补实施中，利用存量常规电源，合理配置储能，充分发挥储能设施的调节能力，推进风光储一体化、风光水（储）一体化、风光火（储）一体化，提升可再生能源消纳水平。

2021 年 7 月，国家发展改革委、国家能源局印发《关于加快推动新型储能发展的指导意见》，明确指出将发展新型储能作为支撑新型电力系统建设的重要举措，到 2025 年实现新型储能从商业化初期向规模化发展转变，新型储能装机规模达 3000 万 kW 以上，到 2030 年，实现新型储能全面市场化发展，新型储能装机规模基本满足新型电力系统相应需求，成为能源领域碳达峰、碳中和的关键支撑之一。2021 年 8 月，国家发展改革委、国家能源局印发《关于鼓励可再生能源发电企业自建或购买调峰能力增加并网规模的通知》，明确了在电网企业承担消纳主体责任的基础上，企业自建或购买调峰能力增加并网规模的具体方式。

2021 年 9 月，国家能源局印发《新型储能项目管理规范（暂行）》，明确各级能源主管部门组织开展本地区电力系统安全高效运行的新型储能发展规模与布局研究，科学合理引导新型储能项目建设。2021 年 12 月，国家能源局印发《电力并网运行管理规定》和《电力辅助服务管理办法》，明确将电化学储能、压缩空气储能、飞轮储能等新型储能纳入并网主体管理，鼓励新型储能参与电力辅助服务。

根据中关村储能产业技术联盟的数据，2021 年，各地储能装机规划及新能源发电配储的规模合计约为 47.51GW/95.89GW·h，高于国家制定的 30GW 的发展目标。这进一步说明在新能源发电渗透率快速提升的背景下，电网的系统调节压力持续增大，对灵活性调峰资源的需求不断增加，需要建设新的可调节电源以缓解电网压力。在此背景下，新能源发电与储能协同发展成为"十四五"时期乃至长期的重点。

根据《储能产业研究白皮书 2022》预测，2026 年新型储能累计装机规模将达到 48.5GW，2022～2026 年复合年均增长率为 53.3%，市场将呈现稳步、快速增长的趋势。

2.1.3　氢能基础设施发展动态

氢能是一种来源丰富、绿色低碳、应用广泛的二次能源，是实现可再生能源大规模消纳、电网大规模调峰和跨季节/跨地域储能的重要途径，可以加速推进工业、建筑、交通等领域的低碳化。我国具有良好的制氢基础与大规模的应用市场潜力，发展氢能的优势显著。加快氢能产业发展是助力我国实现碳达峰、碳中和目标的重要路径。2022 年 3 月 23 日，国家发展改革委、国家能源局联合印发《氢能产业发展中长期规划（2021—2035 年）》，表明氢能的开发与利用正式登上了我国能源的大舞台。

自碳达峰、碳中和目标提出以来，我国氢能产业发展不断提速，产业规模持续增大。根据《中国氢能源及燃料电池产业白皮书 2020》的数据，我国氢气产能约为 $4.1×10^7$t/a，产量约为 $3.342×10^7$t/a。截至 2021 年底，我国已建成加氢站 255 座，氢燃料电池汽车保有量约 9315 辆，已成为全球最大的产氢国和燃料电池商用车市场。在产业规模不断扩大的同时，氢能制—储—运—加各环节基础设施的发展形态也在发生变化。

1. 制氢环节

根据 IEA 的统计数据，2020 年全球氢气产量为 90Mt，其中 70%来自化石能源（天然气和副产氢），电解水及带有碳捕集、利用与封存（carbon capture, utilization and storage，CCUS）的化石能源制氢仅占 0.7%。据预测，在承诺目标情景（announced pledges scenario，APS）下，2050 年全球氢气产量将达到 250Mt，其中 51%由电解水提供；在 2050 年净零排放情景（the net zero emissions by 2050 scenario，NZE）下，2050 年全球氢气产量将翻倍，电解水制氢占比达到 60%，装机规模达到 3600GW，用电量达到 15000TW·h（约为全球发电量的 20%）。

目前，我国氢气产量同样主要来自化石能源制氢。2020 年，中国氢气产量主要来源如下：煤制氢占比为 62%，天然气重整制氢占比为 19%，工业副产氢占比为 18%，电解水制氢仅占 1%。《氢能产业发展中长期规划（2021—2035 年）》明确指出要构建清洁化、低碳化、低成本的多元制氢体系，重点发展可再生能源制氢，严格控制化石能源制氢。《中国氢能源及燃料电池产业白皮书 2020》也预测，2030 年电解水制氢占比将提升到 10%，2060 年电解水制氢占比将提升到 70%。

电解水技术的核心原理如下：水在直流电的作用下发生电化学反应，在电解槽的阴极和阳极分别生成氢气和氧气。按照工作原理和电解质，目前常见的电解水制氢技术可分为碱性（alkline，ALK）电解水技术、质子交换膜（proton exchange membrane，PEM）电解水技术及高温固体氧化物电解池（solid oxide electrolysis cell，SOEC）电解水技术三种，见表 2.2。

表 2.2 电解水技术指标对比

参数	碱性电解水	质子交换膜电解水	高温固体氧化物电解池电解水
运行温度/℃	70～90	50～80	600～1000
电解质	30%KOH 溶液	质子交换膜	Y_2O_3/ZrO_2
单位能耗/（kW·h/Nm³）	4.2～5.5	4.3～6.0	3.0～4.0
产气压力/MPa	1.6	4	4
最大单槽产能/（Nm³/h）	1400*	1000	—
技术成熟度	完全商业化	商业化初期	研发示范期
调节范围	30%～110%	5%～125%	—
响应速率	20%/min	秒级	—

注：Nm³ 为在标准压力（1atm，1atm = 1.01325×10^5Pa）、标准温度（0℃）下体积的单位，简称标方。

*目前部分厂家在接近常压下实现了单台设备 4000Nm³/h 的产能。

1）碱性电解水技术

碱性电解水技术是目前最为成熟的电解水技术，制氢成本相对较低（在电解水技术中），电价为 0.3 元/（kW·h）时，制氢成本约 25 元/kg。碱性电解水技术可以在一定范围内实现功率调节，响应速率约为 20%/min。利用这一特性，碱性电解槽可实现与波动性较强的可再生能源耦合制氢，同时具备响应电网调峰指令的能力。

目前我国新能源项目中风电项目的最低平准化成本小于 0.1 元/（kW·h），光伏发电项目上网电价也有小于 0.15 元/（kW·h）的记录。以上述电价计算，碱性电解水制氢将与化石能源制氢平价。若项目并网，碱性电解水系统可凭借响应电网调峰指令的能力参与辅助服务市场，获得额外收益。

2）质子交换膜电解水技术

质子交换膜电解水技术目前正处于商业化初期。质子交换膜电解槽采用质子交换膜传导质子，隔绝析氢电极和析氧电极。质子交换膜电解水技术的特点是电流密度高（>1A/cm^2）、氢气品质好（99.99%）、能量转换效率高、能耗低、运行可靠、灵活性高、功率调节性能优异。

相较于碱性电解水技术，质子交换膜电解水技术具有更高的灵活性及调节功能，可以深度参与电网辅助服务市场，实现更多的调节功能，同时在可再生能源离网制氢系统中更加贴合波动性较强的出力曲线。但其核心部件全氟磺酸膜产能被国外垄断，并且其电极催化剂目前无法摆脱对贵金属的依赖，导致质子交换膜电解设备成本高昂，单台设备成本可达相同规格碱性电解槽的 3 倍。

3）高温固体氧化物电解池电解水技术

高温固体氧化物电解池采用陶瓷作为电解质，因此材料成本较低。在高温环境下，其工作效率达 79%~84%，核能、太阳能热、地热及工业余热都可作为高温固体氧化物电解池的热源，但其对风电、光伏发电等波动性电源适应性较差。此外，高温固体氧化物电解池电解水技术还有运行模式可逆化的特点，既可作为电解装置，也可作为燃料电池发电装置。在电力过剩时，可利用可再生能源的剩余电力制氢，将电能高效转化为化学能；在电力紧张时，可将储存的氢气发电，通过电化学反应得到电能。目前，高温固体氧化物电解池电解水技术仍处于研发示范期。

2. 运氢环节

输氢形式主要分为管道输氢、长管拖车、液氢槽车输氢等。管束车、液氢槽车均是氢储运设备，是外供氢加氢站与制氢站的连接纽带。管道输氢则是效率最高的输氢形式，适宜长期、稳定、大需求输氢，也是传统工业中最主要的输氢形式。目前国内加氢站以长管拖车为主，国外加氢站则长管拖车与液氢槽车输氢都有涉及，对比见表 2.3。

表 2.3　输氢方式对比

参数	长管拖车	液氢槽车输氢	管道输氢
压力/MPa	20	0.6	1～4
载氢量/kg	300～400	7000	—
体积储氢密度/（kg/m³）	14.5	64.0	3.2
质量储氢密度	1.1%	14%	—
成本/（元/kg）	8～10	13～14	1～3
经济距离/km	≤150	≥200	

1）长管拖车

目前国内成熟的技术采用 20MPa 长管拖车运氢，在运输距离为 50～150km 时成本为 8～10 元/kg。由于长管拖车的单车载氢量较少，运输成本随距离上升较快，不适合长距离运输。目前国内正在探索更高的储氢压力，由于长管拖车卸氢时会有 5～7MPa 的残留压力，当运输压力达到 30MPa 时，实际可用气量相较 20MPa 将提高 1 倍，当运输压力达到 50MPa 时，实际可用气量将达到 20MPa 时的 3 倍左右。根据《长管拖车》（NB/T 10354—2019）中的相关规定，我国长管拖车气瓶公称压力允许范围为 10～30MPa。因此，想要实现更高压力的氢气运输，我国在技术及标准上均需有所突破。

2）液氢槽车输氢

液氢槽车的载氢量大，运输费用受里程影响较小，可用于长距离运氢。但氢液化耗能极高，约占氢本身能量的 1/3，液化过程产生的电费占运输成本的比例高达 60%。目前大部分氢液化装置已实现国产化，但核心装置透平膨胀机国内技术还较为薄弱，在使用氢膨胀循环的大规模氢液化领域国内还没有成熟的技术。法国液化空气集团、林德集团和川崎重工业株式会社等国外企业相关技术较为成熟，并已有相关工厂投产。此外，国内液氢目前主要用于航天领域（西昌、文昌等发射基地均有法国液化空气集团提供的氢液化装置），民用领域相关标准较少。多种因素制约下国内液氢储运的发展较为缓慢。

3）管道输氢

管道输氢是效率最高的输氢方式，适合长期、稳定、大需求的应用场景。管道输氢的特点是投资大，为 30 万～95 万美元/km，主要成本为路权。世界上现有氢气管道约 16000km，主要分布在石油炼化集中的区域。中国氢气管道约 400km，最长的氢气管道在中石化巴陵石油化工有限公司，约 42km。根据中石油济源—洛阳输氢管道数据，管径为 DN350，考虑管线工程、阀室、大型穿越、场站等配套工程成本，氢气输送费用为 1.86～2.99 元/kg；天然气管道掺氢输送，因组分变化及不同季节温度变化，对输送压缩机的工况产生较大影响；管道的密封、计量等部分随之需要调整。当前中低压管道输氢技术相对成熟，标准体系比较完善。国内已建氢气管道压力低于 4MPa，与国外 7MPa 等级还有差距。

3. 加氢环节

相比发达国家和地区，我国氢能产业起步较晚、发展相对缓慢。2016～2017 年，我国氢燃料电池汽车产业处于发展初期，加氢需求较小，加氢站保有量小。2018 年之后，随着中央政府与地方政府大力支持氢燃料电池汽车的发展，众多企业不断加码布局氢能产业，氢燃料电池汽车的产销量增加，对加氢站的建设与投入加大，加氢站行业市场规模迅速提升。2021 年，我国加氢站市场规模达到 30.52 亿元。

目前中国的氢能产业已蓬勃而起，《中华人民共和国国民经济和社会发展第十四个五年规划和二〇三五年远景目标纲要》将氢能产业上升为国家战略和重点任务。加氢站作为给氢燃料电池汽车提供氢气的基础设施，随着氢燃料电池汽车保有量的不断增加及各大能源央企入局的持续加速，国内加氢站数量明显增加。截至 2021 年底，我国加氢站共建成 218 座，较上年增长了 100 座，如图 2.3 所示。根据势银（Trend Bank）数据，截至 2022 年 10 月 31 日，中国累计建成加氢站296 座，我国加氢站数量已位居世界第一。

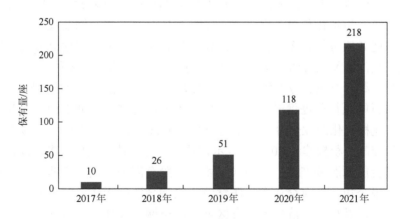

图 2.3　2017～2021 年我国加氢站保有量

目前，投资建设一座加氢站，除土地外，设备投资占比达 70% 左右。加氢站用压缩机、储氢罐、加氢机等主要设备过度依赖进口导致加氢站建设成本居高不下，制约了加氢站产业的发展。加大对相关技术的研发力度、加速加氢站用压缩机等主要设备的国产化进程、降低加氢站的建设成本、提高加氢站建设运营的经济效益是目前加氢站产业发展的关键所在。我国早期建设的加氢站以高压气氢加氢站为主，近年来由于氢气使用成本较高，综合能源站因盈利结构更加多元而占比逐渐上升，2022 年已超过 50%。在加氢站的运营成本中制氢成本、运氢成本及加氢成本各占 1/3，因此采用制加一体的思路可以节省运氢成本从而提升运营效益，但目前国内相关标准还未完善，相关示范还较少。

2.1.4　综合能源站基础设施发展动态

我国综合能源发展方兴未艾，参与公司众多，典型的综合能源服务供应商包括国网综合能源服务集团有限公司、南方电网综合能源股份有限公司、广东电网综合能源投资有限公司、南瑞集团公司、阿里云、中国华电集团（简称华电）、协鑫（集团）控股有限公司等。

国网综合能源服务集团有限公司围绕综合能效、多能供应、清洁能源、新兴用能、智慧用能、能源交易六大业务领域，建设产业联盟、解决方案等八大业务板块，为园区、工业企业等各类终端用能客户提供能效诊断分析、智慧运维等服务，并建设运营国家电网综合能源服务业务的互联网统一入口"绿色国网"；南方电网综合能源股份有限公司积极发挥电网企业在能源优化配置中的作用，开拓节能服务、能源资源综合利用、清洁能源与可再生能源开发、节能服务电商平台四大主营业务；广东电网综合能源投资有限公司于 2017 年开始投入综合能源、市场化售电、电动汽车投资与运营、增量配网建设与投资、分布式能源、能效服务等六个新兴业务经营模块；南瑞集团公司建立完备的综合能源管控系统，以及完善的研发、工程与运营团队，积极开展多种商业模式研究，为客户提供综合能源服务整体解决方案及系统设计、建设、运维、升级等服务；阿里云为新能源行业提供丰富的专业化技术解决方案，帮助能源运营商、服务商快速搭建标准化商业平台，构建能源互联生态；华电加快实施 25 项关键技术的研发和推广，积极建设 20 个重点示范项目，打造清洁友好、多能联供、智慧高效的综合能源服务产业；协鑫（集团）控股有限公司投产广西中马投控分布式能源有限公司、上海交通大学医学院附属瑞金医院无锡分院等天然气分布式能源项目，以及徐州经济技术开发区增量配电网、安徽六安金寨现代产业园增量配电网项目。

据不完全统计，2021 年我国共投运 25 个综合能源站项目，见表 2.4。综合能源站类型众多，其中，能源补给功能包括加油、加气、充电、换电、加氢、光伏发电等，基础服务包括便利店、自动洗车、汽车服务等，辅助服务包括电子商务、爱心驿站、储能等。

表 2.4　2021 年我国综合能源站汇总

地点	项目简介	综合能源站类型
北京	中石油"油气氢电非"综合能源服务站	加氢＋智慧加油＋充电＋光伏发电＋加天然气＋便利店＋自动洗车
山东济南	中石化第 58 综合能源站	加油＋加氢＋加天然气＋换电＋光伏发电
安徽芜湖	中石化马饮桥站	智慧加油＋加氢＋光伏发电＋便利店
江苏南京	江苏南京高淳城北科技新城氢油综合能源服务站	加油＋加氢＋光储充＋汽车服务＋便利店
浙江杭州	国网杭州市萧山区世纪变直流多站合一	变电站＋充电站＋数据中心＋直流配电站＋光伏电站＋储能电站
河北雄安	中石化＋石家庄蔚来能源科技有限公司合作建设"油电服"智慧综合加能站	加油＋换电＋光伏发电＋洗车＋智慧照明＋智慧充电＋爱心驿站＋智慧支付
山东潍坊	潍坊诸城首座"氢电油气"综合能源服务站	加氢＋加油＋加气＋充电
贵州六盘水	中石化双红油氢综合能源站	加油＋加氢
甘肃兰州	中石油甘肃销售兰州莫高智能智慧综合能源站	成品油零售＋CNG 加气＋非油销售＋充换电
辽宁大连	辽宁大连自贸片区中石化北方能源（大连）有限公司"五位一体"综合能源服务站项目——盛港综合能源服务站	加油＋加氢＋充电＋LNG 加气＋跨境电商
重庆	中石油、长安新能源、奥动新能源三方深度合作建设的重庆长安奥动新牌换电站	加油＋加气＋充换电
福建福州	国网福建电力公司建设东二环岳峰悦享超级充电站	充换电＋电池检测＋光伏发电＋储能＋5G 微机＋数据中心＋休闲驿站＋停车场＋配电站
江苏苏州吴江区	三港农副产品配送公司光储充一体化充电站	光伏发电＋储能＋充电
江苏无锡祝塘	"十二站合一"综合能源站	变电站＋储能电站＋分布式光伏电站＋预装式冷热供应站＋智慧路灯＋智能联动无人巡检＋数据中心机房＋5G 微站＋电动汽车充电站＋电动汽车换电站＋换电 e 站＋自助洗车站
江苏苏州香山	江苏电网建设苏州 110kV 香山综合能源站	风电＋光伏发电＋充换电＋智慧路灯＋气象站
江苏镇江	江苏镇江滨河综合能源站	变电站＋光伏电站＋储能电站＋充电站＋冷热供应站＋4G/5G 信号发射站＋5G 数据汇集站
广东佛山顺德区	佛燃能源建设佛山市首座集加氢、充电、光伏发电功能于一体的顺德区顺风加氢站	加氢＋充电＋光伏发电
广东佛山	易事特光储充综合能源示范项目	光伏发电＋储能＋充电
广东东莞	东莞首个光储充检智能充电站	光伏发电＋储能＋充电＋电池检测

续表

地点	项目简介	综合能源站类型
广东深圳	南方电网首个集变电站、数据中心、充电站的多站融合项目	变电站＋数据中心＋充电站
山东滨州	"八站合一"智慧能源综合示范区	变电站＋光伏发电＋储能＋数据中心＋充电＋放电＋5G基站＋北斗地面增强站
新疆哈密	陶家宫供电所综合用能示范项目	光伏发电＋蓄热式清洁采暖＋充电站＋5G基站＋储能＋新零售
海南美兰机场	国家电投沪能出行建设海南省首个"光储充检修"一体化充电站	光伏发电＋储能＋充电＋汽车检测＋汽车维修
湖北襄阳	国网襄阳三桥北智慧光储充一体化项目	光伏发电＋储能＋充电
湖北黄石	湖北黄石地区首个集光、储、充、能源管理为一体的综合客运站	光伏发电＋储能＋充电＋能源管理

注：CNG指压缩天然气（compressed natural gas）；LNG指液化天然气（liquefied natural gas）。

2.2　新能源汽车及其产业发展现状

2.2.1　我国新能源汽车市场现状

1. 我国新能源汽车超预期爆发式发展

根据中国汽车工业协会统计的数据，2021年，我国新能源汽车销量达到352.1万辆，保有量为784万辆，较2020年增长59%，市场渗透率提升到13.4%，新能源汽车加速迎来市场化突破拐点。截至2022年9月底，全国新能源汽车销量为456.7万辆，保有量为1149万辆，市场渗透率达到23.5%，进入高速增长新时期，如图2.4～图2.6所示。《新能源汽车产业发展规划（2021—2035年）》中明确提出，中国新能源汽车要在2025年渗透率达到20%的目标，而现在提前了3年完成目标，新能源汽车的发展远超预期。

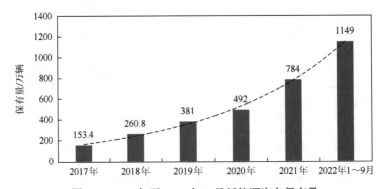

图2.4　2017年至2022年9月新能源汽车保有量

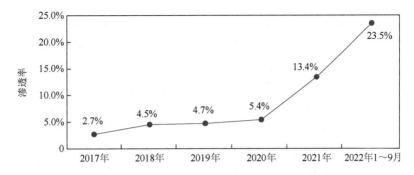

图 2.5　2017 年至 2022 年 9 月新能源汽车市场渗透率

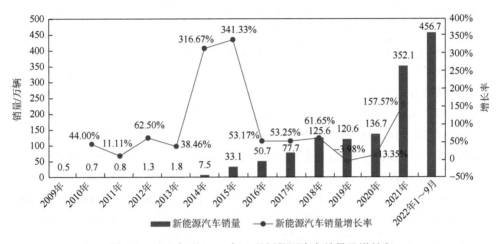

图 2.6　2009 年至 2022 年 9 月新能源汽车销量及增长率

2. 我国新能源汽车转向市场驱动新阶段

我国新能源汽车产业化始于 2009 年的"十城千辆节能与新能源汽车示范推广应用工程"（简称"十城千辆"工程），计划通过提供财政补贴，用 3 年时间，每年发展 10 个城市，每个城市推出 1000 辆新能源汽车开展示范运行，主要涉及公交、出租、公务、市政、邮政等公共交通领域。由于彼时新能源汽车处于产业化初期，基础设施完善度和供给端车型性能均较差，最终新能源汽车推广量低于预期。自"十城千辆"工程后，新能源汽车逐步放宽推广城市及车型范围，陆续出台了针对性鼓励政策。2012 年，国务院印发《节能与新能源汽车产业发展规划（2012—2020 年）》，明确了纯电驱动、采用补贴和全面优惠的政策扶持。2014 年，我国首次实施免征新能源汽车购置税政策。自此，我国新能源汽车进入政策驱动为主的快速发展阶段。

2015～2018 年，我国新能源汽车市场主要由消费端政策驱动。通过购车补贴、免征购置税等优惠政策刺激消费，销量于 2018 年突破 100 万辆大关。

2019 年，我国新能源汽车销量为 120.6 万辆，同比下降近 4%，这是近十年来首次下滑。其下滑的原因除了新能源汽车自身整车安全、续航里程等性能不足外，更多的是受政策端的补贴退坡影响，自 2019 年 6 月 26 日起，新能源汽车国家补贴标准降低约 50%，地方补贴则直接退出，2019 年补贴退坡幅度超 70%。

2020 年，突如其来的新冠疫情让传统汽车销量普遍大幅缩水，新能源汽车销量也在 2 月迎来断崖式下坠。同年，财政部、工业和信息化部、国家发展改革委、科技部联合印发《关于完善新能源汽车推广应用财政补贴政策的通知》，要求 2021 年新能源汽车补贴标准在 2020 年基础上退坡 20%，公共交通领域退坡 10%。从 2020 年下半年开始，新能源汽车行业重返增长快车道，12 月的市场渗透率迅速提升到 9%。行业从早期依靠政策的"单轮驱动"，全面转向政策＋市场的"双轮驱动"，私人用户对电动汽车的接受程度不断提高，市场驱动力还在持续增强。

补贴政策的退坡也使得我国新能源汽车行业发展目标从"活下去"变成了"发展好"，从顺应补贴要求逐渐向市场关注的安全性能、续航里程、产品性价比等方面转移。随着后补贴时代来临，新能源汽车市场在经历补贴退坡后完成被动出清洗牌，正式从补贴的政策驱动向市场驱动过渡，至今已经发展成规模较大、市场化程度较高、产业链发展较为完善的战略性新兴产业。2021 年，即使在新冠疫情及相关补贴退坡的背景下，新能源汽车销量仍突破 350 万辆，成为政策扶植与市场驱动分化元年。截至 2022 年 9 月底，新能源汽车销量已突破 450 万辆，相比 2021 年销量增长近 30%，其市场渗透率更是高达 23.5%，我国新能源汽车正式从政策＋市场驱动转向市场驱动新阶段。

2.2.2　新能源汽车产业发展现状

我国在推进新能源汽车发展过程中，始终坚持将科技创新作为行业发展的核心动力，走出了一条汽车产业转型升级的新路。"十五"期间，我国提出了"三横三纵"的总体路线，如图 2.7 所示，明确以燃料电池汽车、混合动力汽车、纯电动汽车三种车型（"三纵"），动力电池与管理系统、驱动电机与电力电子、网联化与智能化技术三种共性技术（"三横"）的布局开展研发。2020 年 10 月 20 日，国务院办公厅印发《新能源汽车产业发展规划（2021—2035 年）》，明确指出到 2025 年，中国新能源汽车市场竞争力要明显增强，动力电池、驱动电机、车用操作系统等关键技术取得重大突破，安全水平全面提升；重点提出要深化"三纵三横"研发布局，构建关键零部件技术供给体系。

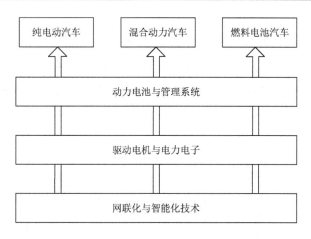

图 2.7　"三横三纵"布局

1. 纯电动汽车在新能源汽车中占据主流地位

从细分车型来看，新能源汽车产品结构以纯电动汽车为主，近些年销量在新能源汽车市场中占比为 80% 左右。2021 年纯电动汽车销量高达 291.6 万辆，连续七年稳居世界首位，2022 年 1～9 月达到 357.8 万辆，属于绝对的主流产品，如图 2.8 所示。《新能源汽车产业发展规划（2021—2035 年）》提出，力争经过 15 年的持续努力，纯电动汽车成为新销售车辆的主力。当前纯电动汽车是我国新销售新能源汽车的主力，未来纯电动汽车将成为我国新销售汽车的主力。

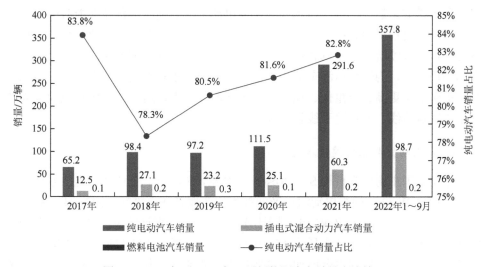

图 2.8　2017 年至 2022 年 9 月新能源汽车销量占比情况

2. 混合动力汽车替代传统汽车的过渡产品

插电式混合动力汽车近年来产销量呈快速增长态势，其销量在新能源汽车市场中占比在 20%以内浮动，其中增程式、超级混合动力等车型凭借其短途纯电、长途燃油驱动的优势，在目前基础设施仍未十分完善的情况下，更受私人用户的偏爱，是非常好的替代传统汽车的过渡产品，加速推动燃油车的电动化。2021 年，插电式混合动力汽车销量达 60.3 万辆；2022 年 1～9 月，插电式混合动力汽车销量达 98.7 万辆。然而，根据上海市出台的《上海市鼓励购买和使用新能源汽车实施办法》，自 2023 年 1 月 1 日起，对消费者购买或受让插电式混合动力汽车（含增程式）的，不再发放专用牌照额度。这也透露着当下新能源汽车在弱化混合动力汽车，毕竟混合动力技术及增程式都只能是短暂的过渡阶段，在纯电动汽车稳定增长、充电基础设施不断完善的发展背景下，未来新能源汽车可能单指纯电动汽车。

3. 燃料电池汽车在商用车领域前景广阔

燃料电池汽车目前处于初步发展阶段，2021 年销量达 1586 辆，占新能源汽车销量的比例不足 0.05%，近几年也一直保持千辆级规模。氢能具有持续供应、大规模稳定储存、远距离运输、快速补能等特点，正好弥补了纯电动汽车续航焦虑与补能时间长的痛点。同时，燃料电池汽车具有零排放、效率高、续航里程长、燃料快速加注的优势，使其具备替换传统汽车的潜力，在长途载重运输车型等商用车领域前景广阔。

纯电动重卡是新能源重卡中最为成熟的技术路线，较汽柴油重卡更加环保，可实现零排放。然而，由于技术局限，纯电动重卡的续航里程和补能时间仍不理想，即便采用换电模式缩短充电时间，也只能在换电站辐射的作业半径内进行运输工作，提升续航里程将以载重量降低为代价。这些因素都大大限制了纯电动重卡的适用场景，为燃料电池车的进入留下了空间。相较于纯电动车，燃料电池车具有能量密度更高、自重低、加注快、耐低温等优点，这决定了燃料电池车天然适用于固定路线、中长途干线和高载重的场景。

4. 我国动力电池关键技术达到国际先进水平

根据韩国市场研究机构 SNE Research 数据，2021 年，全球动力电池累计装车量为 296.8GW·h。根据电动汽车产业技术创新战略联盟数据，2021 年，我国动力电池累计产量为 219.7GW·h，同比增长 163.4%；累计销量达 186.0GW·h，同比增长 182.3%；累计装车量为 154.5GW·h，同比增长 142.92%，如图 2.9 所示，我国动力电池装车量约占全球动力电池装车量的 52%。其中，三元锂电池累计装车量为 74.3GW·h，占我国动力电池装车量的 48.1%，同比累计增长 91.3%；磷酸铁锂电池累计装车量为 79.8GW·h，占我国动力电池装车量的 51.7%，同比累计增长 227.4%。2022 年，我国动力电池发展依旧迅猛，仅 1～8 月累计装车量已超过 2021 年全年，1～9 月累计装车量更是达到 193.7GW·h，同比累计增长 110.5%。

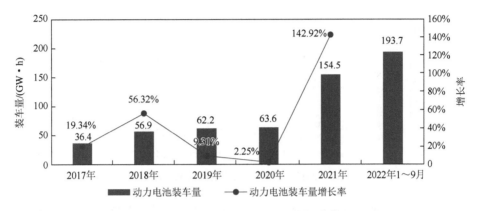

图 2.9　2017 年至 2022 年 9 月动力电池装车量及增长率

在关键材料领域，经过多年发展，动力电池关键材料基本实现国产化，中国已成为磷酸铁锂、锰酸锂、三元材料及前驱体、石墨负极材料、钛酸锂负极材料、电解液和聚丙烯（polypropylene，PP）/聚乙烯（polyethylene，PE）隔膜等全球最大生产地，并培育发展了一批具有持续创新能力的关键材料龙头企业。我国已形成涵盖基础材料、电芯单体、电池系统、制造装备的完整产业链，负极材料全球市场占有率达到 90%，隔膜材料自主供给率超过 90%。三元锂电池、磷酸铁锂电池的系统能量密度处于国际领先水平。2022 年，我国动力电池标准出台数量全球占比超过 40%。

基于新材料、新技术的电池（如宁德时代研发的钠离子电池、蜂巢能源研发的无钴电池、卫蓝新能源研发的固液混合电池）1～2 年内实现批量应用。采用智能热管理技术的电池系统实现了−30℃环境温度下的正常使用。采用动力电池高精度实时故障诊断和安全预警技术建立了全生命周期的动力电池安全预警和防护体系，实现了动力电池安全使用。

5. 电驱动技术变革推动市场潜力不断挖掘

根据第一电动网数据，2021 年国内驱动电机装机量达到 341.5 万台，同比增长超过 130%，如图 2.10 所示。根据 NE 时代数据，2022 年上半年国内新能源汽车电机控制器市场份额前十企业中自主企业占据 7 席，前七大自主企业占国内新能源汽车电机控制器市场份额合计达 49.8%，国产驱动电机发展强势。

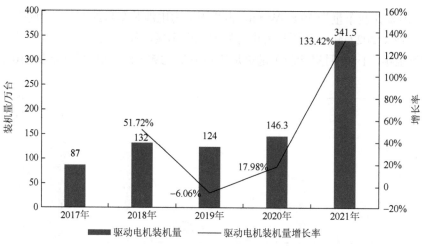

图 2.10　2017～2021 年驱动电机装机量及增长率

　　2021 年，扁线电机市场渗透率快速提升。2021 年，特斯拉、广汽换装扁线电机，比亚迪 DMI 全系采用扁线电机，上汽、长城的新车型也纷纷转为扁线电机。根据浙江方正电机股份有限公司年报，2020 年，全球新能源汽车行业扁线电机市场渗透率为 15%，我国新能源汽车行业扁线电机市场渗透率约为 10%。2021 年，随着各主流车企大规模换装扁线电机（特斯拉换装国产扁线电机），我国扁线电机市场渗透率已与全球扁线电机市场渗透率同步增长至 25%。此外，高端车型搭载扁线电机数量从单电机增加到双电机甚至多电机。例如，保时捷首款纯电动跑车 Taycan 便采用了三电机。

　　从产品竞争力上看，国内驱动电机供应商产品除外观造型工艺外，效率、功率密度等其他指标已经领先国外驱动电机供应商；国内驱动电机的设计能力已经领先全球，制造工艺（尤其是雁线）也已经全面突破，自动化线已经进入批量建设阶段；电控产品硬件、软件全面国产化已经成为现实，其中，功率半导体、控制中央处理器（central processing unit，CPU）、模拟器件等硬件快速发展；国内零部件供应商反应速度较国外零部件供应商快得多，满足中国快速变化的市场需求；国内系统开发软件供应商（尤其是功能安全系统开发软件供应商）与国外系统开发软件供应商有较大差距，快速技术迭代弥补了前者的不足。

6. 智能化赋能自主新能源车提升竞争力

　　自 2015 年以来，我国先后制定了一系列推动智能驾驶汽车、智能联网汽车发展的鼓励政策。《新能源汽车产业发展规划（2021—2035 年）》将网联化与智能化技术并入新"三横"。据 J.D.Power 数据，2021 年，中国消费者对于智能化配置的需求涨幅明显，24% 的意向购车者认为智能化体验是其最重要的购车考虑因素，同时缺乏新技术或科技感成为意向购车者第三大购车顾虑，智能网联化赋能自主新能源车提升竞争力。

　　在智能座舱方面，根据东方证券研究所数据，2022 年上半年，国内乘用车中控大屏、全液晶仪表、车联网前装市场渗透率分别达 52.6%、41.9%、64.8%，各项配置市场渗透率较 2021 年均提升超过 10 个百分点。随着智能座舱配置迭代升级持续加速，预计多层次交互体验将成为智能座舱的新赛道，平视显示器（head-up display，HUD）、多模态交互等新兴技术和功能有望取代屏幕升级、联网功能、语音交互，成为整车座舱的主要卖点。

　　在智能驾驶方面，自 2019 年以来，国内高级驾驶辅助系统（advanced driver assistance system，ADAS）市场渗透率持续快速爬升。2022 年上半年，ADAS 前装市场渗透率达 46.8%，较 2021 年提升 7.2 个百分点。现阶段智能泊车功能普及率仍然较低，2022 年上半年，同时搭载行车 ADAS 及泊车功能的上险量达 214.8 万辆，市场渗透率为 13.1%，行泊一体方案有望成为智能驾驶领域的新主要赛道。

　　在智能互联方面，车载语音、车联网、车载导航市场渗透率提升到高位，无线充电应用范围逐渐扩大，并逐渐向中低档车型渗透，如图 2.11 所示。

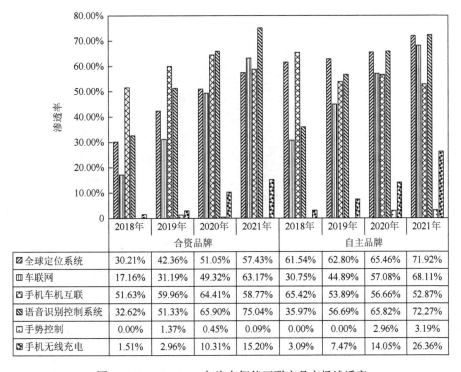

	2018年	2019年	2020年	2021年	2018年	2019年	2020年	2021年
		合资品牌				自主品牌		
▨全球定位系统	30.21%	42.36%	51.05%	57.43%	61.54%	62.80%	65.46%	71.92%
▥车联网	17.16%	31.19%	49.32%	63.17%	30.75%	44.89%	57.08%	68.11%
▧手机车机互联	51.63%	59.96%	64.41%	58.77%	65.42%	53.89%	56.66%	52.87%
▨语音识别控制系统	32.62%	51.33%	65.90%	75.04%	35.97%	56.69%	65.82%	72.27%
▢手势控制	0.00%	1.37%	0.45%	0.09%	0.00%	0.00%	2.96%	3.19%
▨手机无线充电	1.51%	2.96%	10.31%	15.20%	3.09%	7.47%	14.05%	26.36%

图 2.11　2018～2021 年汽车智能互联产品市场渗透率

2.3　典型新能源应用基础设施产业发展现状

2.3.1　充电桩

新能源充电桩产业链包括上游充电桩零部件制造商（简称零部件制造商）、中游充电桩运营服务提供商（简称充电桩运营商）、下游充电桩用户。其中，零部件制造商和充电桩运营商是充电桩产业链最主要的环节。据企查查数据，2021年零部件制造商相关企业注册量达到52634家，累计超过14万家。

充电桩运营商呈现头部企业规模大、中小企业数量多的特点。截至2021年底，我国充电运营企业所运营公共充电桩数量超过1万个的共13家，占总量的92.85%，如图2.12所示，其中，星星充电、特来电、国家电网、云快充前四家企业运营的公共充电桩数量占比达到74.11%，市场表现较为集中。此外，在互联互通方面，联行科技作为最具代表性的集成运营平台，合作运营商达到260余家，接入的充电设施60万个，覆盖全国320余座城市。

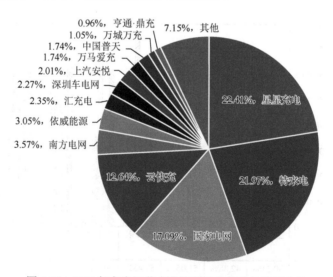

图2.12　2021年充电运营企业运营公共充电桩数量占比

充电桩运营商不断涌入充电桩运营领域，其中，整车企业的投入力度最大。目前，特斯拉在中国已建立涵盖大功率快充、目的地充电及家庭充电的完整充电服务体系，尤其在国内率先推出了250kW级别大功率快充，并在国内建立了年产1万个大功率快充桩的生产体系，布局力度呈现加强趋势。此外，蔚来、小鹏等新势力也纷纷自建充换电服务体系，大众汽车也与一汽、江淮、星星充电等企业合资成立了开迈斯新能源科技有限公司，开展充电业务建设运营。互联网企业、地产企业的布局力度也显著加强。例如，滴滴旗下的小桔充电依托丰富的运营驾驶员端资源，已成为充电领域的重量级玩家；高德地图近两年也加大了充电桩资源整合力度，依托其地图和流量优势，已成为重要的第三方充电聚合平台；中国石油化工集团公司（简称中石化）等油气企业也纷纷布局充电相关业务。传统能源企业试水充电设施运营，中石化已有超过 1000 座充电站投入运营。

公共充电桩建设呈现较强的区域性。公共充电基础设施区域布局较为集中，广东、上海、江苏、北京、浙江、山东、湖北、安徽、河南、福建作为公共充电基础设施保有量排名前十的省市，2021 年充电桩总量达到 82.2 万个，占全国充电桩总量的 71.7%。从区域集中度来看，公共充电基础设施区域布局与区域经济发展水平存在一定的正相关性，在京津地区、东南沿海地区及长江中下游地区较为集中，在西部和北部地区充电桩较少。

从充电量来看，2021 年我国新能源汽车总充电量达 111.5 亿 kW·h，同比增长 58.0%，充电需求持续保持快速增长的趋势。2021 年，全国充电量主要集中在广东、江苏、四川、山西、陕西、河北、河南、浙江、福建、北京等新能源汽车保有量较高的省市，充电量主要流向公交车和乘用车，环卫车、物流车、出租车等其他类型车辆的占比较小。

2.3.2　换电站

蔚来引领换电行业发展。在换电站领域，以北汽、蔚来、广汽、吉利、长安等为代表的整车企业，以及奥动新能源、伯坦科技、国家电网、国家电力投资集团（简称国电投）等运营企业纷纷入局换电领域，布局换电业务。截至 2021 年底，蔚来换电站保有量达 789 座，引领换电行业发展，奥动新能源换电站为 402 座，伯坦科技换电站为 107 座，如图 2.13 所示。截至 2022 年 9 月，蔚来换电站已达 1160 座，远超奥动新能源的 494 座与伯坦科技的 109 座。

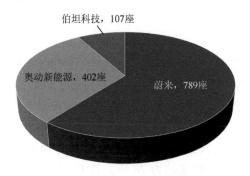

图 2.13　2021 年换电站运营商换电站保有量

换电站主要集中于北京、广东、浙江、上海、江苏等沿海和一线省市，其中，截至 2021 年底，北京共建设换电站 255 座，遥遥领先于其他省市，广东共建设换电站 178 座，浙江共建设换电站 118 座，三者成为换电站保有量大于 100 座的省市。截至 2022 年 9 月，北京换电站总量达 281 座，广东（229 座）与浙江（193 座）紧跟其后，江苏（160 座）与上海（120 座）跃进了换电站保有量大于 100 座的省市。

2.3.3 储能电站

新型储能产业链各环节分工明晰，盈利模式明确。在新型储能中占据主导地位的电化学储能产业链上下游明晰，产业链上游为原材料、设备提供商，中游为系统集成商及安装商、系统运营商，下游为终端用户。其中，上游原材料包括正负极材料、电解液、隔膜、结构件等，设备包括电池组、电池管理系统（battery management system，BMS）、能量管理系统（energy management system，EMS）和储能变流器（power conversion system，PCS）。根据前瞻产业研究院数据，储能系统成本中电池成本占比最高，达到 60%，其次是储能变流器、能量管理系统和电池管理系统，占比分别为 20%、10% 和 5%。中游系统集成商根据终端用户需求，将储能设备及配套设施进行整合，并设计出适用于各场景的储能服务系统。下游终端用户包括发电端（如风电场、光伏电站、传统电站）、电网端（如电网公司）和用户端（如家庭用户、工业园区）三部分。

央企、国企纷纷切入储能产业链。以国家电网、南方电网、国家能源集团、国电投、中国华能集团有限公司（简称华能）、华电、中国长江三峡集团有限公司（简称三峡集团）等为代表的央企从新能源业务对储能需求出发，不断加强储能技术储备和储能业务培育，与储能技术企业展开深度战略合作。此外，储能产业链企业之间也开始强强联合，宁德时代、阳光电源、海博思创等企业创新大客户合作模式，与电网公司和央企发电集团成立合资公司，实现优势互补，协同开发。

2.3.4 加氢站

加氢站的上游为氢气制备与储运，煤制氢、天然气和轻质油等制氢量占制氢总量的 80% 左右，制氢市场格局分散，国家能源集团和中石化为最大的制氢企业。加氢站的中游为加氢站的建设和运营，加氢站的建设以中石化、中国石油天然气集团有限公司（简称中石油）、厚普清洁能源（集团）股份有限公司（简称厚普股份）三家企业为主，截至 2021 年底，中石化已建成 74 座加氢站，中石油已建成 8 座加氢站，厚普股份在建加氢站为 78 座。其中，中石化宣布"十四五"期间将规划建设 1000 座加氢站，以实现其由国内最大成品油供应商变身"中国第一氢能公司"的愿景。加氢站的下游为燃料电池电堆与氢燃料电池整车。在氢燃料电池方面，与国外相比，我国氢燃料电池相关技术较为落后，目前我国装车的氢燃料电池汽车大多采用国外电堆和技术，其占比超过 70%。

加氢站的分布呈遍地开花之势。截至 2022 年底，我国加氢站建设已覆盖除青海、西藏以外的所有省区市，总体呈现围绕京津冀地区、长三角地区、珠三角地区的聚集性分布。广东累计建设加氢站 54 座，领跑全国，山东、江苏、浙江建设加氢站均超过 20 座，形成第二梯队，甘肃在 2022 年第三季度实现加氢站零的突破。

示范城市群推进氢能产业的发展。2021 年 8 月，国家启动了京津冀、上海、广东和河南、河北"3 + 2 城市群"燃料电池汽车示范推广，五大城市群共涉及 38 座城市，根据各城市群燃料电池汽车示范申报方案，以上地区共推广燃料电池汽车 3 万多辆，建成加氢站近 500 座，见表 2.5。2021 年五大城市群新建加氢站数量占比为 45%；2022 年五大城市群新建加氢站数量占比为 51%。在五大城市群之外，"氢进万家"示范地山东、成渝"氢走廊"，以及副产氢资源丰富的山西等地区伴随着车辆投运或氢能项目落地，也在积极建设加氢站。

表 2.5　五大城市群氢能产业推广数量

五大城市群	车辆推广数量/辆	加氢站推广数量/座
京津冀	5300	49
上海	5000	72
广东	10000	200
河北	7710	100
河南	4295	76
总计	32305	497

2.4　新能源汽车及应用配套基础设施发展政策分析

2.4.1　我国新能源汽车发展政策分析

《新能源汽车产业发展规划（2021—2035 年）》是国内新能源汽车产业发展的引领纲要，如图 2.14 所示，其中提到我国新能源汽车发展愿景：到 2025 年，新能源汽车新车销量达到汽车新车总销量的 20%左右，力争经过 15 年的持续努力，我国新能源汽车核心技术达到国际先进水平，质量品牌具备较强国际竞争力。在纯电动汽车方面，纯电动乘用车新车平均电耗降至 12.0（kW·h）/100km；纯电动汽车成为新销售车辆的主流，公共领域用车全面电动化；充换电服务便利性显著提高。在燃料电池汽车方面，燃料电池汽车实现商业化应用；氢燃料供给体系建设稳步推进，有效促进节能减排水平和社会运行效率的提升。在技术方面，我国新能源汽车市场竞争力明显增强，动力电池、驱动电机、车用操作系统等关键技术取得重大突破，安全水平全面提升；高度自动驾驶汽车实现限定区域和特定场景商业化应用。

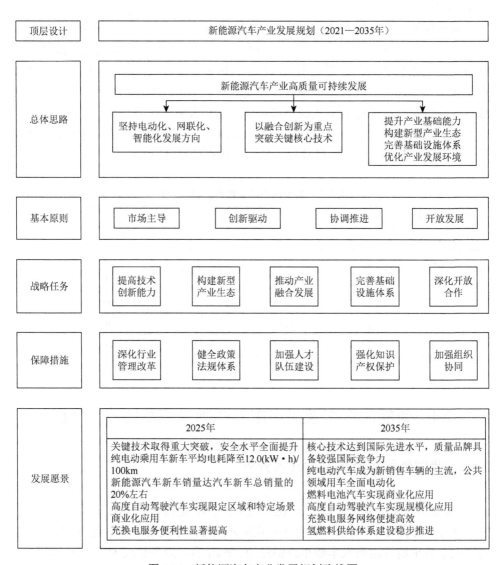

图 2.14　新能源汽车产业发展规划路线图

《新能源汽车产业发展规划（2021—2035 年）》指出，到 2025 年新能源汽车新车销量达到汽车新车总销量的 20%左右，而在 2022 年 9 月其占有率已达到 23.5%，完成了所设定的 2025 年新能源汽车销量目标。《新能源汽车产业发展规划（2021—2035 年）》从追求速度转向更注重高质量可持续发展，较为显著的有两点：①特别提出纯电动乘用车新车平均电耗降至 12.0（kW·h）/100km；②强调充换电服务的便利性显著提高。对纯电动汽车的电耗标准提出要求，这也是该规划唯一出现的具体数值指标，意在切实提升纯电动汽车的技术及节能水平；要求充换电服务的便利性提高，更是将新能源汽车的基础设施建设放在了前所未有的位置——新能源汽车推广的核心就是基础设施。

新能源汽车产业的重点战略任务指出：①提高技术创新能力。坚持整车和零部件并重，强化整车集成技术创新，提升动力电池、新一代车用电机等关键零部件的产业基础能力，推动电动化与网联化、智能化技术互融协同发展。②构建新型产业生态。以生态主导型企业为龙头，加快车用操作系统开发应用，建设动力电池高效循环利用体系，强化质量安全保障，推动形成互融共生、分工合作、利益共享的新型产业生态。③推动产业融合发展。推动新能源汽车与能源、交通、信息通信全面深度融合，促进能源消费结构优化、交通体系和城市智能化水平提升，构建产业协同发展新格局。④完善基础设施体系。加快推动充换电、加氢等基础设施建设，提升互联互通水平，鼓励商业模式创新，营造良好使用环境。⑤深化开放合作。践行开放融通、互利共赢的合作观，深化研发设计、贸易投资、技术标准等领域的交流合作，积极参与国际竞争，不断提高国际竞争能力。

依据《新能源汽车产业发展规划（2021—2035 年）》，各省区市出台了新能源汽车产业"十四五"规划，并对到 2025 年在新能源汽车行业方面提出了对应的产量、产值、营业收入等目标，见表 2.6。

表 2.6　新能源汽车相关政策汇总

省区市	成文/发布时间	政策名称	重点内容解读
北京	2022/7/22	《北京市"十四五"时期电力发展规划》	推动建设京津冀燃料电池汽车货运示范专线，到 2025 年，氢燃料电池牵引车和载货车替换约 4400 辆燃油车。制定私家车"油换电"奖励政策，引导鼓励存量私人小客车"油换电"。到 2025 年，新能源汽车累计保有量力争达到 200 万辆
天津	2022/5/8	《天津市"十四五"节能减排工作实施方案》	到 2025 年，基本淘汰国三及以下排放标准汽车，新能源汽车新车销量占比达到 25%左右，绿色出行比例超过 75%
河南	2021/11/25	《河南省加快新能源汽车产业发展实施方案》	到 2025 年，新能源汽车产量超过 30 万辆，力争达到 50 万辆，燃料电池汽车示范运营总量力争突破 1 万辆，建成千亿元级郑开新能源汽车产业集群

续表

省区市	成文/发布时间	政策名称	重点内容解读
山东	2018/9/21	《山东省新能源产业发展规划（2018—2028 年）》	到 2022 年，建成济南、青岛、淄博、烟台、潍坊、聊城等一批新能源汽车产业集聚区，新能源汽车产量达到 50 万辆左右，新能源汽车产业产值达 2500 亿元；到 2028 年，成为国内重要的新能源汽车和关键零部件生产基地，实现由低端新能源汽车生产大省向高端新能源汽车制造强省转变，新能源汽车产业产值达到 4000 亿元
上海	2021/2/25	《上海市加快新能源汽车产业发展实施计划（2021—2025 年）》	到 2025 年，实现新能源汽车产业规模国内领先，新能源汽车产量超过 120 万辆，新能源汽车产业产值突破 3500 亿元，占汽车制造业产值的 35%以上。个人新增购置车辆中纯电动汽车占比超过 50%。公交汽车、巡游出租车、党政机关公务车辆、中心城区载货汽车、邮政用车全面使用新能源汽车，国有企事业单位公务车辆、环卫车辆新能源汽车占比超过 80%，网约出租车新能源汽车占比超过 50%。燃料电池汽车应用总量突破 1 万辆
安徽	2022/2/14	《安徽省"十四五"汽车产业高质量发展规划》	到 2025 年，力争汽车产业产值超过 10000 亿元，省内企业汽车生产规模超过 300 万辆，其中，新能源汽车产量占比超过 40%
江苏	2021/11/6	《江苏省"十四五"新能源汽车产业发展规划》	到 2025 年，新能源汽车产量突破 50 万辆，蜂窝车联网（cellular vehicle-to-everything，C-V2X）车联通信网络实现区域性覆盖，部分应用实现商业化
浙江	2021/5/25	《浙江省新能源汽车产业发展"十四五"规划》	到 2025 年，新能源汽车产量力争达到 60 万辆，规上工业产值力争达到 1500 亿元；动力电池与管理、驱动电机与电力电子等关键零部件实现突破，热管理系统、车身轻量化材料等优势零部件领域持续做强，形成关键零部件自主配套能力
广东	2020/9/25	《广东省发展汽车战略性支柱产业集群行动计划（2021—2025 年）》	到 2025 年，汽车制造业营业收入超过 1.1 万亿元，汽车产量超过 430 万辆，占全国汽车总产量的比例超过 16%。其中，新能源汽车产量超过 60 万辆，新能源汽车公用充电桩超过 15 万个
广东	2021/12/27	《广州市智能与新能源汽车创新发展"十四五"规划》	到 2025 年，新能源汽车产量超过 200 万辆，进入全国城市前三名；新能源汽车市场渗透率超过 50%，保有量提升至 80 万辆，占汽车保有量的比例超过 20%
广东	2021/3/31	《深圳市新能源汽车推广应用工作方案（2021—2025 年）》	至 2025 年，新能源汽车保有量达到 100 万辆左右
重庆	2021/12/17	《重庆市汽车产业高质量发展"十四五"规划（2021—2025 年）》	到 2025 年，新能源汽车产量将达到 100 万辆，占汽车产量的 40%以上
重庆	2022/6/15	《重庆市能源发展"十四五"规划》	推广应用氢燃料电池汽车，到 2025 年产量达到 1500 辆

续表

省区市	成文/发布时间	政策名称	重点内容解读
四川	2022/4/1	《"电动四川"行动计划（2022—2025 年）》	到 2025 年，新能源汽车市场渗透率达到全国平均水平
	2022/5/24	《成都市"十四五"能源发展规划》	到 2025 年，新能源汽车保有量达到 60 万辆，力争达到 80 万辆
湖北	2022/1/6	《湖北省汽车工业"十四五"发展规划》	到 2025 年，引进 1～2 家造车新势力"头部企业"，建设自主可控、完整的新能源汽车产业链；建设 1～2 家国际先进水平的氢燃料电池产业研发创新平台，推动科技创新与产业化落地深度融合。汽车产业营业收入达到 1 万亿元，保持汽车产业集群全国领先地位，新能源汽车产量占汽车产量的比例超过 20%
湖南	2022/3/14	《湖南省智能网联汽车产业"十四五"发展规划（2021—2025）》	到 2025 年，汽车产量力争突破 150 万辆，其中，智能网联汽车市场渗透率超过 70%
福建	2022/4/18	《福建省新能源汽车产业发展规划（2022—2025 年）》	打造世界级新能源汽车动力电池及材料先进制造业中心、万亿元级产业集群，力争到 2025 年，新能源汽车产销量超过 20 万辆，新能源汽车生产企业产值达到 1000 亿元，新能源动力和储能电池产能超过 400GW·h，全产业链产值超过 6000 亿元，公共领域用车电动化率居全国前列
黑龙江	2022/2/8	《黑龙江省新能源汽车产业发展规划（2022—2025 年）》（征求意见稿）	到 2025 年，累计推广新能源汽车 10 万辆
辽宁	2021/12/29	《辽宁省"十四五"先进装备制造业发展规划》	到 2025 年，新能源汽车营业收入达 1100 亿元，新能源汽车整车产能 50 万辆以上，新能源汽车新车销量达到汽车新车总销量的 20% 左右
广西	2021/12/30	《广西新能源汽车产业发展"十四五"规划》	到 2025 年，建成国内重要的新能源汽车生产基地、研发基地和产业链核心零部件配套生产基地。新能源汽车新车产销量超 100 万辆，占汽车新车总产销量 30% 左右；新能源汽车保有量新增 45 万辆以上
陕西	2022/7/18	《陕西省"十四五"氢能产业发展规划》	"十四五"期间，力争建成投运加氢站 100 座左右，推广各型燃料电池汽车 1 万辆左右，2024 年，实现燃料电池汽车产能 5000 辆。全产业链规模达 1000 亿元以上
云南	2021/12/4	《云南省新能源汽车产业发展规划（2021—2025 年）》	到 2025 年，具备年产 35 万辆新能源汽车能力，实现年销售收入 300 亿元；争取引进 3～5 家新能源汽车系统总成及核心零部件企业，实现本地配套率达 60%，形成较完整的动力电池产业链，基本建成整车、零部件集聚发展的新能源汽车产业集群
海南	2022/8/24	《海南省碳达峰实施方案》	到 2030 年，全面禁止销售燃油汽车，新能源汽车占比超过 45%
内蒙古	2020/9/22	《关于〈内蒙古自治区关于加快重点领域新能源车辆推广应用实施方案〉（审议稿）征求意见的公告》	力争到 2025 年，重点领域累计推广新能源车辆 17 万辆，其中公共领域新能源汽车保有量达到 6 万辆；新能源重卡保有量达到 10 万辆，矿用车保有量达到 1 万辆

续表

省区市	成文/发布时间	政策名称	重点内容解读
宁夏	2022/1/4	《宁夏应对气候变化"十四五"规划》	到2025年，新能源汽车新车销量占汽车新车销量的比例达到15%以上，新能源公交车比例达到45%，市政车辆全部实现新能源替代
山西	2022/8/5	《山西省氢能产业发展中长期规划（2022—2035年）》	到2025年，燃料电池汽车保有量超过1万辆，部署建设一批加氢站，应用规模全国领先。到2030年，燃料电池汽车保有量达到5万辆，可再生能源制氢在交通、储能、工业等领域实现多元规模化应用，形成布局合理、产业互补、协同共进的氢能产业集群。到2035年，形成国内领先的氢能产业集群
贵州	2021/11/12	《贵州省新能源汽车产业"十四五"发展规划》	力争到2025年，新能源汽车产量达到40万辆，产值突破1000亿元

注：国三指中国第三阶段汽车排放标准。

根据各省区市出台的新能源汽车产业"十四五"规划给出的产量、产值、营业收入等目标可以看出，长三角集群、珠三角集群、京津冀集群、中三角集群、成渝西部集群、东北集群六大集群所在地政府高度重视新能源汽车发展，制定了相关的发展规划和支持政策，给产业发展提供了优越的环境条件，未来新能源汽车的发展也将围绕这六大集群为轴心，集聚一批零部件企业，构成较为完备的产业链。

2.4.2 我国新兴基础设施政策发展历程

1. 充电桩/换电站

中国电动汽车充电桩行业的发展是新能源汽车发展的基本保障，其政策历程可以大致分为以下四个阶段。

（1）2012年之前的探索阶段。2006年，比亚迪建立了首个电动汽车充电站；2008年，为了满足绿色奥运需求，北京市公交总公司建设了满足50辆电动大巴需求的集中式充电站；2009年，上海先行建成商业运营管理的充电站。此时的充电桩发展主要依靠车企的推进，国家政策并未明确。

（2）2012～2014年的初步发展阶段。2012年，国务院发布的《节能与新能源汽车产业发展规划（2012—2020年）》首次提出对充电桩的建设。这期间充电桩市场由国家主导，主要参与者包括国家电网、南方电网和普天新能源有限责任公司（简称普天新能源），且以公共汽车或政府内部用车为主，年新增充电桩仅数千个，市场规模还很小，以行业摸索为主。

（3）2015～2019年的爆发阶段。2015年9月，国务院办公厅印发的《关于加快电动汽车充电基础设施建设的指导意见》第一次明确了充电桩行业的政策方向。

同年 11 月，国家发展改革委、工业和信息化部等的《电动汽车充电基础设施发展指南（2015—2020 年）》提出到 2020 年车桩比达到 1∶1 的发展目标，自此大规模的投资建设开启，行业爆发，各企业跑马圈地。

（4）2020 年后的新基建阶段。2020 年 3 月，充电桩被正式纳入新基建，国家重视程度加大，窗口期也将缩短，在新商业模式探索、新一轮政策指导作用下，充电桩发展开启新通道，迎来新机遇。2020 年 10 月 20 日，国务院办公厅印发《新能源汽车产业发展规划（2021—2035 年）》，明确了电动汽车充电设施三个方面的发展方向，即加快充换电基础设施建设、提升充电基础设施服务水平、鼓励商业模式创新，为"十四五"期间充电桩的发展指明了方向，各省区市政府相继明确了至 2025 年充电桩建设目标。

相对于充电桩，换电站发展较晚，其发展阶段大致以 2012 年充电桩政策的发布和 2020 年新基建概念的提出为分水岭，分为以下三个阶段。

（1）2012 年之前的探索阶段。自 2008 年起，我国就已经开始在纯电动客车领域开展换电模式的推广工作。该阶段由国家电网牵头，积极组织电动汽车充换电设施研发及实践工作，特别是在"十城千辆"工程中，行业内更关注补电效率，在乘用车和公交车等领域尝试推广换电模式，形成了一套完整的换电技术体系。

（2）2012～2019 年的沉淀阶段。基于换电投入成本太高、换电车辆少、兼容车型少等缺点，加上标准不完善、企业积极性低等因素，市场转向并大力发展充电模式，2012 年国务院发布的《节能与新能源汽车产业发展规划（2012—2020 年）》确立了以充电为主的电动汽车发展方向。自此，相关政策以充电为主，换电模式发展缓慢。

（3）2020 年后的新基建阶段。2020 年 5 月，《政府工作报告》中相关政策首次提出将换电站纳入新基建的范畴。同年 10 月，《新能源汽车产业发展规划（2021—2035 年）》着重推动新能源汽车充换电的基础设施建设发展，并鼓励各企业探索新能源汽车换电的模式。2021 年 11 月 1 日，《电动汽车换电安全要求》实施，这是换电首个通用的国家行业标准。自此，相关政策转向充换电结合，换电站的建设也出现在各省区市政府"十四五"规划目标中。

截至 2022 年 8 月底，中国充换电站国家层面相关政策汇总见表 2.7。

表 2.7　充换电站国家层面相关政策汇总

成文/发布 时间	政策名称	发布部门	主要内容/政策解读	政策 性质
2012/6/28	《节能与新能源汽车产业发展规划（2012—2020 年）》	国务院	根据当地电力供应和土地资源状况，因地制宜建设慢速充电桩、公共快速充换电等设施。鼓励成立独立运营的充换电企业，建立分时段充电定价机制，逐步实现充电设施建设和管理市场化、社会化	支持类

续表

成文/发布时间	政策名称	发布部门	主要内容/政策解读	政策性质
2013/1/1	《能源发展"十二五"规划》	国务院	在北京、上海、重庆等新能源汽车示范推广城市，配套建设充电桩、充（换）电站、天然气加注站等服务网点。着力研发高性能动力电池及储能设施，建立新能源汽车供能装备制造、认证、检测及配套标准体系。到 2015 年，形成 50 万辆电动汽车充电基础设施体系	规划类
2013/9/6	《国务院关于加强城市基础设施建设的意见》	国务院	推进换乘枢纽及充电桩、充电站、公共停车场等配套服务设施建设，将其纳入城市旧城改造和新城建设规划同步实施	支持类
2014/7/21	《国务院办公厅关于加快新能源汽车推广应用的指导意见》	国务院办公厅	完善充电设施标准体系建设，制定实施新能源汽车充电设施发展规划，鼓励社会资本进入充电设施建设领域，积极利用城市中现有的场地和设施，推进充电设施项目建设，完善充电设施布局	支持类
2015/10/9	《关于加快电动汽车充电基础设施建设的指导意见》	国务院办公厅	明确我国将以纯电驱动为新能源汽车发展的主要战略取向，按照统筹规划、科学布局，适度超前、有序建设，统一标准、通用开放，依托市场、创新机制的原则，力争到 2020 年基本建成适度超前、车桩相随、智能高效的充电基础设施体系，满足超过 500 万辆电动汽车的充电需求	规划类
2015/10/9	《电动汽车充电基础设施发展指南（2015—2020 年）》	国家发展改革委、国家能源局、工业和信息化部、住房和城乡建设部	加强我国充电基础设施发展的顶层设计，将充电基础设施放在更加重要的位置，从发展全局的高度进行整体统筹。明确充电基础设施建设目标，到 2020 年，新增集中式充换电站超过 1.2 万座，分散式充电桩超过 480 万个，以满足全国 500 万辆电动汽车充电需求	规划类
2016/11/29	《国务院关于印发"十三五"国家战略性新兴产业发展规划的通知》	国务院	按照"因地适宜、适度超前"原则，在城市发展中优先建设公共服务区域充电基础设施，积极推进居民区与单位停车位配建充电桩。完善充电设施标准规范，推进充电基础设施互联互通。提高充电服务智能化水平。鼓励充电服务企业创新商业模式，提升持续发展能力。到 2020 年，形成满足电动汽车需求的充电基础设施体系	规划类
2017/2/3	《国务院关于印发"十三五"现代综合交通运输体系发展规划的通知》	国务院	加快新能源汽车充电设施建设，推进新能源运输工具规模化应用。制定发布交通运输行业重点节能低碳技术和产品推广目录，健全监督考核机制	支持类
2018/11/9	《提升新能源汽车充电保障能力行动计划》	国家发展改革委、国家能源局、工业和信息化部、财政部	力争用 3 年时间大幅提升充电技术水平，提高充电设施产品质量，加快完善充电标准体系，全面优化充电设施布局，显著增强充电网络互联互通能力，快速升级充电运营服务品质，进一步优化充电基础设施发展环境和产业格局	支持类

续表

成文/发布时间	政策名称	发布部门	主要内容/政策解读	政策性质
2020/12/31	《关于进一步完善新能源汽车推广应用财政补贴政策的通知》	财政部、工业和信息化部、科技部、国家发展改革委	根据新的补贴标准，纯电动乘用车的里程门槛从 150km 提至 250km，最高补贴从 5 万元降至 2.5 万元，插电式混合动力乘用车补贴从 2.2 万元降至 1 万元。同时，对于补贴的技术指标门槛也相应提升，地方补贴也即将取消，转为用于支持充电（加氢）基础设施"短板"建设和配套运营服务等方面	补贴类
2020/5/22	《政府工作报告》	国务院	加强新型基础设施建设，发展新一代信息网络，拓展 5G 应用，建设数据中心，增加换电站设施，推广新能源汽车，激发新消费需求，助力产业升级	支持类
2020/10/20	《新能源汽车产业发展规划（2021—2035 年）》	国务院办公厅	提升充电基础设施服务水平。引导企业联合建立充电设施运营服务平台，实现互联互通、信息共享与统一结算。加强充电设备与配电系统安全监测预警等技术研发，规范无线充电设施电磁频谱使用，提高充电设施安全性、一致性、可靠性，提升服务保障水平	支持类
2021/2/2	《国务院关于加快建立健全绿色低碳循环发展经济体系的指导意见》	国务院	提升交通基础设施绿色发展水平，加强新能源汽车充换电、加氢等配套基础设施建设	支持类
2021/5/20	《关于进一步提升充换电基础设施服务保障能力的实施意见（征求意见稿）》	国家发展改革委、国家能源局	加快推进居住社区充电设施建设安装，完善居住社区充电桩建设推进机制，推进既有居住社区充电桩建设，严格落实新建居住社区配建要求，创新居住社区充电服务商业模式。提升城乡地区充换电保障能力，优化城乡公共充换电网络建设布局	支持类
2021/10/26	《2030 年前碳达峰行动方案》	国务院	加快绿色交通基础设施建设。有序推进充电桩、配套电网、加注（气）站、加氢站等基础设施建设，提升城市公共交通基础设施水平	支持类
2021/12/9	《"十四五"现代综合交通运输体系发展规划》	国务院	充换电设施网络构建。完善城乡公共充换电网络布局，积极建设城际充电网络和高速公路服务区快充站配套设施，实现国家生态文明试验区和大气污染防治重点区域的高速公路服务区快充站覆盖率不低于 80%、其他地区不低于 60%。大力推进停车场与充电设施一体化建设，实现停车和充电数据信息互联互通	规划类
2022/1/10	《国家发展改革委等部门关于进一步提升电动汽车充电基础设施服务保障能力的实施意见》	国家发展改革委、国家能源局、工业和信息化部、财政部、自然资源部、住房和城乡建设部、交通运输部、农业农村部、应急管理部、市场监管总局	到"十四五"末，我国电动汽车充电保障能力进一步提升，形成适度超前、布局均衡、智能高效的充电基础设施体系，能够满足超过 2000 万辆电动汽车充电需求	规划类

成文/发布时间	政策名称	发布部门	主要内容/政策解读	政策性质
2022/5/31	《国务院关于印发扎实稳住经济一揽子政策措施的通知》	国务院	优化新能源汽车充电桩（站）投资建设运营模式，逐步实现所有小区和经营性停车场充电设施全覆盖，加快推进高速公路服务区、客运枢纽等区域充电桩（站）建设	支持类

2. 储能基础设施

储能电池的相关概念在《中华人民共和国国民经济和社会发展第十二个五年规划纲要》中首次被提及，其中明确：依托储能技术，推进智能电网建设，增强电网优化配置电力能力和供电可靠性。《中华人民共和国国民经济和社会发展第十三个五年规划纲要》中进一步明确：大力推进高效储能与分布式能源系统领域创新和产业化。《中华人民共和国国民经济和社会发展第十四个五年规划和二〇三五年远景目标纲要》则在储能产业、储能能力、储能项目方面都做出了要求：加速孵化储能产业；提升清洁能源存储能力，提升配电能力，加快新型储能技术规模化应用；实施电化学储能示范项目，开展黄河梯级电站大型储能项目研究。

在装机规模方面，2017 年 7 月 15 日，《关于加快推动新型储能发展的指导意见》指出：到 2025 年，我国新型储能装机规模达 3000 万 kW 以上；到 2030 年，新型储能装机规模基本满足新型电力系统相应需求。

截至 2022 年 8 月底，中国储能基础设施国家层面相关政策汇总见表 2.8。

表 2.8 储能基础设施国家层面相关政策汇总

成文/发布时间	政策名称	发布部门	主要内容/政策解读
2015/7/1	《国务院关于积极推进"互联网＋"行动的指导意见》	国务院	（1）推动集中式分布式储能协同发展。开发储电、储热、储冷、清洁燃料储存等多类型、大容量、低成本、高效率、长寿命储能产品及系统。推动在集中式新能源发电基地配置适当规模的储能电站，实现储能系统与新能源、电网的协调优化运行。 （2）发展储能网格化管理运营模式。鼓励整合小区、楼宇、家庭应用场景下的储能、储热、储冷、清洁燃料储存等多类型的分布式储能设备及社会上其他分散、冗余、性能受限的储能电池、不间断电源、电动汽车充放电桩等储能设施，建设储能设施数据库，将存量的分布式储能设备通过互联网进行管控和运营
2015/7/13	《国家能源局关于推进新能源微电网示范项目建设的指导意见》	国家能源局	（1）探索建立容纳高比例可再生能源电力的发输储用一体的局域电力系统。 （2）储能作为微电网的关键技术，多次被重点提及

续表

成文/发布时间	政策名称	发布部门	主要内容/政策解读
2015/10/8	《关于可再生能源就近消纳试点的意见（暂行）》	国家发展改革委办公厅	充分发挥抽水蓄能机组和储能设备的快速调峰能力，实施风光水储联合运行。建立有利于可再生能源消纳的风电、太阳能发电出力预测机制
2016/2/29	《关于推进"互联网＋"智慧能源发展的指导意见》	国家发展改革委、国家能源局、工业和信息化部	（1）推动集中式与分布式储能协同发展。开发储电、储热、储冷、清洁燃料存储等多类型、大容量、低成本、高效率、长寿命储能产品及系统。（2）发展储能网络化管理运营模式
2017/10/11	《关于促进储能技术与产业发展的指导意见》	国家发展改革委、财政部、科技部、工业和信息化部、国家能源局	提出未来10年中国储能产业的发展目标，以及推进储能技术装备研发示范、推进储能提升可再生能源利用水平应用示范、推进储能提升电力系统灵活性稳定性应用示范、推进储能提升用能智能化水平应用示范、推进储能多元化应用支撑能源互联网应用示范等五大重点任务，从技术创新、应用示范、市场发展、行业管理等方面对我国储能产业发展进行了明确部署，同时对于此前业界争论较多的补贴问题给予了明确答案
2017/11/15	《完善电力辅助服务补偿（市场）机制工作方案》	国家能源局	鼓励采用竞争方式确定电力辅助服务承担机组，按需扩大电力辅助服务提供主体，鼓励储能设备、需求侧资源参与提供电力辅助服务，允许第三方参与提供电力辅助服务，确立在2019~2020年，配合现货交易试点，开展电力辅助服务市场建设。这意味着未来的辅助服务交易将逐渐实现市场化运作
2018/7/2	《国家发展改革委关于创新和完善促进绿色发展价格机制的意见》	国家发展改革委	完善峰谷电价形成机制。加大峰谷电价实施力度，运用价格信号引导电力削峰填谷。利用峰谷电价差、辅助服务补偿等市场化机制，促进储能发展。利用现代信息、车联网等技术，鼓励电动汽车提供储能服务，并通过峰谷电价差获得收益。完善居民阶梯电价制度，推行居民峰谷电价
2019/2/25	《国家能源局综合司关于印发2019年电力可靠性管理和工程质量监督工作重点的通知》	国家能源局综合司	（1）完善电力建设工程质量监督技术支撑体系。（2）开展储能电站等新型电力建设工程质量监督研究
2020/1/9	《关于加强储能标准化工作的实施方案》	国家能源局、应急管理部办公厅、国家市场监督管理总局办公厅	积极推进关键储能标准制定，鼓励新兴储能技术和应用的标准研究工作
2020/2/1	《公司2020年重点工作任务的通知》	国家电网	推动源网荷储协同互动，提升负荷调控能力，深化新一代电力调度专业应用。发挥好风光储输等已建成示范工程的科技引领作用
2020/4/9	《国家能源局综合司关于做好可再生能源发展"十四五"规划编制工作有关事项的通知》	国家能源局综合司	优先开发当地分散式和分布式可再生能源资源，大力推进分布式可再生电力、热力、燃气等在用户侧直接就近利用，结合储能、氢能等新技术，提升可再生能源在区域能源供应中的比例

续表

成文/发布时间	政策名称	发布部门	主要内容/政策解读
2020/5/19	《关于建立健全清洁能源消纳长效机制的指导意见（征求意见稿）》	国家能源局综合司	在加快形成有利于清洁能源消纳的电力市场机制、全面提升电力系统调节能力和着力推动清洁能源消纳模式创新方面，都提出鼓励推动电储能建设和参与，以促进清洁能源高质量发展
2020/6/22	《2020年能源工作指导意见》	国家能源局	加大储能发展力度，研究实施促进储能技术与产业发展的政策，积极探索储能应用可再生能源消纳、电力辅助服务、分布式电力和微电网等技术模式和商业模式
2020/8/25	《国家能源局综合司关于2020年能源领域拟立项行业标准制订项目征求意见的公告》	国家能源局	共计4个储能相关项目：电力储能基本术语、电化学储能电站建模导则、电化学储能电站模型参数测试规程、槽式太阳能光热发电站储热系统运行维护规程
2020/9/18	《华中区域并网发电厂辅助服务管理实施细则》和《华中区域并网运行管理实施细则》	国家能源局	进一步扩大参与主体，将风电场、光伏电站、生物质电站和储能电站纳入实施范围
2020/11/10	《国家能源局综合司关于首批科技创新（储能）试点示范项目的公示》	国家能源局	可再生能源发电侧、用户侧、电网侧、配合常规火电参与辅助服务等4个主要应用领域共8个项目入选
2020/12/1	《集装箱式锂电池储能系统接入直流配电网技术要求（征求意见稿）》	中电联	规定了集装箱式锂电池储能系统的接入条件和储能配置，以及直流配电网的网架结构、电压等技术要求
2020/9/29	《关于加快能源领域新型标准体系建设的指导意见》	国家能源局、国家标准化管理委员会	在智慧能源、能源互联网、风电、太阳能、地热能、生物质能、储能、氢能等新兴领域，率先推进新型标准体系建设，发挥示范带动作用
2021/2/25	《国家发展改革委国家能源局关于推进电力源网荷储一体化和多能互补发展的指导意见》	国家发展改革委、国家能源局	合理配置储能，积极实施存量"风光水火储一体化"提升，稳妥推进增量"风光水（储）一体化"，探索增量"风光储一体化"，严控增量"风光火（储）一体化"
2021/3/23	《中华人民共和国国民经济和社会发展第十四个五年规划和二〇三五年远景目标纲要》	国家发展改革委	加快电网基础设施智能化改造和智能微电网建设，提高电力系统互补互济和智能调节能力，加强源网荷储衔接，提升清洁能源消纳和存储能力，提升向边远地区输配电能力，推进煤电灵活性改造，加快抽水蓄能电站建设和新型储能技术规模化应用
2021/4/21	《国家发展改革委国家能源局关于加快推动新型储能发展的指导意见（征求意见稿）》	国家发展改革委、国家能源局	坚持储能技术多元化，推动锂离子电池等相对成熟新型储能技术成本持续下降和商业化规模应用

续表

成文/发布 时间	政策名称	发布部门	主要内容/政策解读
2021/5/11	《国家能源局关于2021 年风电、光伏发电开发建设有关事项的通知》	国家能源局	保障性并网范围以外仍有意愿并网的项目可通过自建、合建共享或购买服务等市场化方式落实并网条件后，由电网企业予以并网。并网条件主要包括配套新增的抽水蓄能、储热型光热发电、火电调峰、新型储能、可调节负荷等灵活调节能力。在确保安全前提下，鼓励有条件的户用光伏项目配备储能
2021/7/14	《"十四五"循环经济发展规划》	国家发展改革委	推行热电联产、分布式能源及光伏储能一体化系统应用，完善新能源汽车动力电池回收利用溯源管理体系，推动能源梯级利用。加强废旧动力电池再生利用与梯次利用成套化先进技术装备推广应用
2021/7/15	《关于加快推动新型储能发展的指导意见》	国家发展改革委、国家能源局	明确 2025 年 30GW 的发展目标，未来五年将实现新型储能从商业化初期向规模化转变，到 2030 年实现新型储能全面市场化发展，鼓励储能多元发展，进一步完善储能价格回收机制，支持共享储能发展。明确电源侧着力于系统友好型新能源电站和多能互补的大型清洁能源基地等重点方向，电网侧绕提升系统灵活调节能力、安全稳定水平、供电保障能力合理布局，用户侧鼓励绕围跨界融合和商业模式探索创新
2021/7/29	《国家发展改革委国家能源局关于鼓励可再生能源发电企业自建或购买调峰能力增加并网规模的通知》	国家发展改革委、国家能源局	自建调峰资源指发电企业按全资比例建设抽水蓄能、化学储能电站、气电、光热电站或开展煤电灵活性改造。为鼓励发电企业市场化参与调峰资源建设，超过电网企业保障性并网以外的规模初期按照功率 15%的挂钩比例配建调峰能力，按照 20%以上挂钩比例进行配建的优先并网
2021/9/24	《新型储能项目管理规范（暂行）》	国家能源局	新型储能项目管理坚持安全第一、规范管理、积极稳妥原则，包括规划布局、备案要求、项目建设、并网接入、调度运行、监测监督等环节管理
2021/10/24	《中共中央 国务院关于完整准确全面贯彻新发展理念做好碳达峰碳中和工作的意见》	国务院	加快推进抽水蓄能和新型储能规模化应用。统筹推进氢能"制储输用"全链条发展。加快形成以储能和调峰能力为基础支撑的增新电力装机发展机制。加强电化学、压缩空气等新型储能技术攻关、示范和产业化应用
2021/12/8	《贯彻落实碳达峰碳中和目标要求 推动数据中心和 5G 等新型基础设施绿色高质量发展实施方案》	国家发展改革委、中央网信办、工业和信息化部、国家能源局	结合储能、氢能等新技术，提升可再生能源在数据中心能源供应中的比例。支持具备条件的数据中心开展新能源电力专线供电
2021/12/21	《电力并网运行管理规定》	国家能源局	明确新型储能调度技术指导和管理内容
2021/12/21	《电力辅助服务管理办法》	国家能源局	将电化学储能、压缩空气储能、飞轮等新型储能纳入并网主体管理。鼓励新型储能、可调节负荷等并网主体参与电力辅助服务
2022/3/21	《"十四五"新型储能发展实施方案》	国家发展改革委、国家能源局	到 2025 年，新型储能由商业化初期步入规模化发展阶段，具有大规模商业化应用条件，新型储能技术创新能力显著提高，核心技术装备自主可控水平大幅提升，标准化体系基本完善，产业体系日趋完备，市场环境和商业模式基本成熟，到 2030 年，新型储能全面市场化发展

续表

成文/发布时间	政策名称	发布部门	主要内容/政策解读
2022/3/23	《氢能产业发展中长期规划（2021—2035 年）》	国家发展改革委、国家能源局	发挥氢能调节周期长、储能容量大的优势，开展氢储能、可再生能源消纳、电网调峰等应用场景的示范，探索培育"风光发电＋氢储能"一体化应用新模式，逐步形成抽水蓄能、电化学储能、氢储能等各种储能技术相互融合的电力系统储能体系
2022/1/29	《"十四五"现代能源体系规划》	国家发展改革委、国家能源局	力争到 2025 年，抽水蓄能装机容量达到 6200 万 kW 以上、在建装机容量达到 6000 万 kW。对发电侧、电网侧以及用户侧三个方面提出了鼓励，要求大力推进电源侧储能发展，支持分布式新能源合理配置储能系统。优化布局电网侧储能，发挥储能消纳新能源、削峰填谷、增强电网稳定性和应急供电等多重作用。积极支持用户侧储能多元化发展，提高用户供电可靠性，鼓励电动汽车、不间断电源等用户侧储能参与系统调峰调频
2022/3/17	《2022 年能源工作指导意见》	国家能源局	落实"十四五"新型储能发展实施方案，跟踪评估首批科技创新（储能）试点示范项目，围绕不同技术、应用场景和重点区域实施试点示范，研究建立大型风电光伏基地配套储能建设运行机制。 健全分时电价、峰谷电价，支持用户侧储能多元化发展，充分挖掘需求侧潜力，引导电力用户参与虚拟电厂、移峰填谷、需求响应。优化完善电网主网架，在关键节点布局电网侧储能，提升省间电力互补互济水平
2021/10/21	《"十四五"可再生能源发展规划》	国家发展改革委、国家能源局、财政部、自然资源部、生态环境部、住房和城乡建设部、农业农村部、中国气象局、国家林业和草原局	推动新型储能规模化应用。明确新型储能独立市场主体地位，完善储能参与各类电力市场的交易机制和技术标准，发挥储能调峰调频、应急备用、容量支撑等多元功能，促进储能在电源侧、电网侧和用户侧多场景应用。创新储能发展商业模式，明确储能价格形成机制，鼓励储能为可再生能源发电和电力用户提供各类调节服务。创新协同运行模式，有序推动储能与可再生能源协同发展，提升可再生能源消纳利用水平
2022/5/24	《国家发展改革委办公厅 国家能源局综合司关于进一步推动新型储能参与电力市场和调度运用的通知》	国家发展改革委办公厅、国家能源局综合司	建立完善适应储能参与的市场机制，鼓励新型储能自主选择参与电力市场，坚持以市场化方式形成价格，持续完善调度运行机制，发挥储能技术优势，提升储能总体利用水平，保障储能合理收益，促进行业健康发展
2022/7/7	《工业领域碳达峰实施方案》	工业和信息化部、国家发展改革委、生态环境部	推进氢能制储输运销用全链条发展。鼓励企业、园区就近利用清洁能源，支持具备条件的企业开展"光伏＋储能"等自备电厂、自备电源建设。 增强源网荷储协调互动，引导企业、园区加快分布式光伏、分散式风电、多元储能、高效热泵、余热余压利用、智慧能源管控等一体化系统开发运行

3. 氢能基础设施

2019 年之前，我国燃料电池汽车及加氢站政策主要为支持类，鼓励发展燃料电池技术、建设加氢站基础设施等，燃料电池汽车按照新能源汽车标准进行购置补贴。2019 年之后，政策出台明显密集化。2021 年 9 月，国家五部委联合下发《关于启动燃料电池汽车示范应用工作的通知》，公布了第一批氢能产业示范城市群名单。2022 年 3 月，国家层面顶层设计《氢能产业发展中长期规划（2021—2035 年）》发布，明确了氢能的发展目标：到 2025 年，基本掌握核心技术和制造工艺，燃料电池车辆保有量约 5 万辆，部署建设一批加氢站，可再生能源制氢量达到 10 万~20 万 t/a，实现二氧化碳减排 100 万~200 万 t/a；到 2030 年，形成较为完备的氢能产业技术创新体系、清洁能源制氢及供应体系，有力支撑碳达峰目标实现；到 2035 年，形成氢能多元应用生态，可再生能源制氢在终端能源消费中的比例明显提升。

截至 2022 年 3 月底，中国氢能基础设施国家层面相关政策汇总如表 2.9 所示。

表 2.9　氢能基础设施国家层面相关政策汇总

成文/发布时间	政策名称	发布部门	主要内容/政策解读	政策性质
2006/2/9	《国家中长期科学和技术发展规划纲要（2006—2020 年）》	国务院	将氢能及燃料电池技术作为未来能源技术发展方向之一	支持类
2010/10/10	《国务院关于加快培育和发展战略性新兴产业的决定》	国务院	开展燃料电池车相关前沿技术研发	支持类
2012/6/28	《节能与新能源汽车产业发展规划（2012—2020 年）》	国务院	到 2020 年，燃料电池汽车、车用氢能产业与国际同步发展，提高燃料电池系统的可靠性和耐久性，带动氢的制备、储运和加注技术发展	规划类
2014/11/19	《能源发展战略行动计划（2014—2020 年）》	国务院办公厅	将氢能与燃料电池作为重点创新方向之一	支持类
2014/11/18	《关于新能源汽车充电设施建设奖励的通知》	财政部、科技部、工业和信息化部、国家发展改革委	对新建燃料电池车加氢站给予奖励	补贴类
2015/4/29	《关于 2016—2020 年新能源汽车推广应用财政支持政策的通知》	财政部、科技部、工业和信息化部、国家发展改革委	对于燃料电池车的补贴不实行退坡	支持类
2015/5/19	《中国制造 2025》	国务院	继续支持燃料电池车的发展，并对燃料电池汽车的发展战略提出三个发展阶段	支持类

续表

成文/发布时间	政策名称	发布部门	主要内容/政策解读	政策性质
2016/6/1	《能源技术革命创新行动计划（2016—2030年）》	国家发展改革委、国家能源局	将氢能与燃料电池技术创新为重点任务之一	支持类
2016/5/19	《国家创新驱动发展战略纲要》	国务院	开发氢能、燃料电池等新一代能源技术	支持类
2016/12/1	《节能与新能源汽车技术路线图》	中国汽车工程学会	发布氢燃料电池车技术路线图	规划类
2016/11/29	《国务院关于印发"十三五"国家战略性新兴产业发展规划的通知》	国务院	系统推进燃料电池车研发与产业化	支持类
2017/4/25	《汽车产业中长期发展规划》	工业和信息化部、国家发展改革委、科技部	逐步扩大燃料电池车试点示范范围	支持类
2018/2/14	《四部委关于调整完善新能源汽车推广应用财政补贴政策的通知》	财政部、科技部、工业和信息化部、国家发展改革委	制定燃料电池车补贴标准	补贴类
2019/3/5	《政府工作报告》	国务院	稳定汽车消费，继续执行新能源汽车购置优惠政策，推动充电、加氢等设施建设	支持类
2020/6/22	《2020年能源工作指导意见》	国家能源局	推动储能、氢能技术进步与产业发展，研究实施促进储能技术与产业发展的政策，开展储能示范项目征集与评选，制定实施氢能产业发展规划，组织开展关键技术装备攻关，积极推动应用示范	支持类
2020/9/21	《关于开展燃料电池汽车示范应用的通知》	财政部、工业和信息化部、科技部、国家发展改革委、国家能源局	对燃料电池汽车的购置补贴政策调整为燃料电池汽车示范应用支持政策，对符合条件的城市群开展燃料电池汽车关键核心技术产业化攻关和示范应用给予奖励。示范期暂定为四年，其间，将采取"以奖代补"方式，对入围示范的城市群按照其目标完成情况给予奖励。奖励资金由地方和企业统筹用于燃料电池汽车关键核心技术产业化，人才引进及团队建设，以及新车型、新技术的示范应用等，不得用于支持燃料电池汽车整车生产投资项目和加氢基础设施建设	支持类
2020/9/11	《关于扩大战略性新兴产业投资 培育壮大新增长点增长极的指导意见》	财政部、工业和信息化部、科技部、国家发展改革委	加快新能源产业跨越式发展，加快突破风光水储互补、先进燃料电池等新能源电力技术瓶颈，建设制氢加氢设施、燃料电池系统等基础设施网络	支持类
2020/10/27	《节能与新能源汽车技术路线图2.0》	中国汽车工程学会	2025年，我国新能源汽车销量在汽车总销量中的占比将达到20%左右，氢燃料电池汽车保有量达到10万辆左右。2030年，新能源汽车销量在汽车总销量中的占比提升至40%左右。2035年，新能源汽车成为国内汽车市场主流（占汽车总销量的50%以上），与此同时氢燃料电池汽车保有量达到约100万辆。到2025年，我国加氢站的建设目标为至少1000座，到2035年，我国加氢站的建设目标为至少5000座	规划类

续表

成文/发布时间	政策名称	发布部门	主要内容/政策解读	政策性质
2020/10/20	《新能源汽车产业发展规划（2021—2035 年）》	国务院办公厅	加强燃料电池系统技术攻关，突破氢燃料电池汽车应用支撑技术瓶颈，力争 15 年内，燃料电池汽车实现商业化应用，氢燃料供给体系建设稳步推进，有效促进节能减排水平	支持类
2020/12/21	《新时代的中国能源发展》	国务院新闻办公室	加速发展绿氢制取、储运和应用等氢能产业链技术装备，促进氢燃料电池技术链、氢燃料电池汽车产业链发展	支持类
2020/12/31	《关于进一步完善新能源汽车推广应用财政补贴政策通知》	财政部、工业和信息化部、科技部、国家发展改革委	过渡期后不再对新能源汽车给予补贴，转为对充电（加氢）基础设施"短板"建设和配套运营服务	支持类
2021/12/3	《"十四五"工业绿色发展规划》	工业和信息化部	加快氢能技术创新和基础设施建设，推动氢能多元利用	支持类
2022/3/23	《氢能产业发展中长期规划（2021—2035 年）》	国家发展改革委、国家能源局	到 2025 年，基本掌握核心技术和制造工艺，燃料电池车辆保有量约 5 万辆，部署建设一批加氢站，可再生能源制氢量达到 10 万～20 万 t/a，实现二氧化碳减排 100 万～200 万 t/a。到 2030 年，形成较为完备的氢能产业技术创新体系、清洁能源制氢及供应体系，有力支撑碳达峰目标实现。到 2035 年，形成氢能多元应用生态，可再生能源制氢在终端能源消费中的比例明显提升	规划类

4. 综合能源

早在 20 世纪初期就出现了集电力、燃气组合供应的综合能源业务，成为综合能源服务的雏形。我国开展综合能源服务起步晚、起点高，"十三五"初期，政策着重强调综合能源供应体系及综合能源网络的建设，并提出综合能源服务的商业模式。2020 年起，相关政策提出大力发展综合能源服务，强调以清洁电力为主体的源网荷储一体化综合项目开发。现有政策明晰了综合能源服务的内涵，鼓励更多市场主体进入综合能源服务市场，不断创新综合能源服务项目建设管理机制。截至 2022 年 4 月，中国综合能源国家层面相关政策汇总如表 2.10 所示。

表 2.10　综合能源国家层面相关政策汇总

成文/发布时间	政策名称	发布部门	主要内容/政策解读
2015/7/31	《配电网建设改造行动计划（2015—2020 年）》	国家能源局	探索能源互联平台建设。探索以配电网为支撑平台，构建多种能源优化互补的综合能源供应体系，实现能源、信息双向流动，逐步构建以能源流为核心的"互联网＋"公共服务平台，促进能源与信息的深度融合，推动能源生产和消费革命

续表

成文/发布时间	政策名称	发布部门	主要内容/政策解读
2016/2/29	《关于推进"互联网＋"智慧能源发展的指导意见》	国家发展改革委、国家能源局、工业和信息化部	推进综合能源网络基础设施建设。建设以智能电网为基础，与热力管网、天然气管网、交通网络等多种类型网络互联互通，多种能源形态协同转化、集中式与分布式能源协调运行的综合能源网络。建设接纳高比例可再生能源、促进灵活互动用能行为和支持分布式能源交易的综合能源微网
2016/3/22	《2016 年能源工作指导意见》	国家能源局	启动实施"互联网＋"智慧能源行动。加强多能协同综合能源网络建设
2016/6/1	《能源技术革命创新行动计划（2016—2030 年）》	国家发展改革委、国家能源局	加强能源智能传输技术创新，重点研究多能协同综合能源网络、智能网络的协同控制等技术，以及能源路由器、能源交换机等核心装备
2016/7/7	《国家发展改革委国家能源局关于推进多能互补集成优化示范工程建设的实施意见》	国家发展改革委、国家能源局	创新终端一体化集成供能系统商业模式，鼓励采取电网、燃气、热力公司控股或参股等方式组建综合能源服务公司从事市场化供能、售电等业务，积极推行合同能源管理、综合节能服务等市场化机制。加快构建基于互联网的智慧用能信息化服务平台，为用户提供开放共享、灵活智能的综合能源供应及增值服务
2020/9/11	《关于扩大战略性新兴产业投资 培育壮大新增长点增长极的指导意见》	财政部、工业和信息化部、科技部、国家发展改革委	加快新能源产业跨越式发展。大力开展综合能源服务，推动源网荷储协同互动
2021/4/22	《2021 年能源工作指导意见》	国家能源局	推动能源清洁高效利用。积极推广综合能源服务，着力加强能效管理，加快充换电基础设施建设，因地制宜推进实施电能替代，大力推进以电代煤和以电代油，有序推进以电代气，提升终端用能电气化水平
2021/9/11	《完善能源消费强度和总量双控制度方案》	国家发展改革委	完善经济政策。积极推广综合能源服务、合同能源管理等模式，持续释放节能市场潜力和活力
2021/12/22	《国家能源局关于印发能源领域深化"放管服"改革优化营商环境实施意见的通知》	国家能源局	推进多能互补一体化和综合能源服务发展。推动微电网内源网荷储打包核准（备案），加快综合能源项目审批建设进度
2022/1/18	《关于加快建设全国统一电力市场体系的指导意见》	国家发展改革委、国家能源局	培育多元竞争的市场主体。严格售电公司准入标准和条件，引导社会资本有序参与售电业务，发挥好电网企业和国有售电公司重要作用，健全确保供电可靠性的保底供电制度，鼓励售电公司创新商业模式，提供综合能源管理、负荷集成等增值服务
2022/1/24	《"十四五"节能减排综合工作方案》	国务院	完善市场化机制。推行合同能源管理，积极推广节能咨询、诊断、设计、融资、改造、托管等"一站式"综合服务模式

续表

成文/发布时间	政策名称	发布部门	主要内容/政策解读
2022/1/30	《国家发展改革委国家能源局关于完善能源绿色低碳转型体制机制和政策措施的意见》	国家发展改革委、国家能源局	探索建立区域综合能源服务机制。探索同一市场主体运营集供电、供热（供冷）、供气为一体的多能互补、多能联供区域综合能源系统，鼓励地方采取招标等竞争性方式选择区域综合能源服务投资经营主体。鼓励增量配电网通过拓展区域内分布式清洁能源、接纳区域外可再生能源等提高清洁能源比例。公共电网企业、燃气供应企业应为综合能源服务运营企业提供可靠能源供应，并做好配套设施运行衔接。鼓励提升智慧能源协同服务水平，强化共性技术的平台化服务及商业模式创新，充分依托已有设施，在确保能源数据信息安全的前提下，加强数据资源开放共享。深化能源领域"放管服"改革。创新综合能源服务项目建设管理机制，鼓励各地区依托全国投资项目在线审批监管平台建立综合能源服务项目多部门联审机制，实行一窗受理、并联审批
2022/3/9	《关于进一步推进电能替代的指导意见》	国家发展改革委、国家能源局、财政部、环境保护部、住房和城乡建设部、工业和信息化部、交通运输部、中国民用航空局	着力提升电能替代用户灵活互动和新能源消纳能力。推进"电能替代＋综合能源服务"，鼓励综合能源服务公司搭建数字化、智能化信息服务平台，推广建筑综合能量管理和工业系统能源综合服务
2022/3/17	《2022年能源工作指导意见》	国家能源局	加强煤炭煤电兜底保障能力。鼓励煤电企业向"发电＋"综合能源服务型企业和多能互补企业转型。积极发展能源新产业新模式。大力发展综合能源服务，推动节能提效、降本降碳。持续深化"放管服"改革。优化涉企服务，打通堵点，为分布式发电就近交易、微电网、综合能源服务等新产业新业态新模式发展创造良好环境
2022/1/29	《"十四五"现代能源体系规划》	国家发展改革委、国家能源局	实施智慧能源示范工程。以多能互补的清洁能源基地、源网荷储一体化项目、综合能源服务、智能微网、虚拟电厂等新模式新业态为依托，开展智能调度、能效管理、负荷智能调控等智慧能源系统技术示范。支持新模式新业态发展。培育壮大综合能源服务商、电储能企业、负荷集成商等新兴市场主体

5. 地方政策

目前储能基础设施及综合能源站更多的是支持类政策，没有发布具体的规划目标，本节只对有具体规划目标的充电站/换电站及加氢站进行讨论。

我国发展新能源汽车及配套充换电基础设施不仅仅停留在国家层面的顶层设计，地方政府发展新能源汽车及配套充换电基础设施的态度也开始明确，"十四五"期间，推动充换电基础设施建设已被写入多个省区市的"十四五"规划和2035年远景目标中，见表2.11。

表 2.11　充换电基础设施地方相关政策汇总

省区市	成文/发布时间	政策名称	主要内容/政策解读
北京	2022/7/22	《北京市"十四五"时期电力发展规划》	在 2025 年末，充电桩规模达到 70 万个，换电站规模达到 310 座。平原地区电动汽车公共充电设施平均服务半径小于 3km
上海	2022/10/13	《上海市交通发展白皮书》	提高充换电设施规模、运营质量和服务便利性，2025 年建成充电桩 76 万个，换电站 300 座，车桩比不高于 2∶1；适度超前布局加氢站，建成并投入使用各类加氢站超过 70 座，实现重点应用区域全覆盖
	2021/1/27	《上海市国民经济和社会发展第十四个五年规划和二〇三五年远景目标纲要》	加快布设新型充电基础设施和智能电网设施，到 2025 年新建 20 万个充电桩、45 座出租车充示范站
广东	2022/6/30	《广东省能源局关于印发广东省电动汽车充电基础设施发展"十四五"规划的通知》	到 2025 年底，累计建成集中式充电站 4500 座以上，累计建成公共充电桩约 25 万个，包括公用充电桩约 21.7 万个、专用充电桩约 3.3 万个；累计建成高速公路快速充电站约 830 座，全省高速公路服务区全部建成充电基础设施
	2021/12/29	《广州市智能与新能源汽车创新发展"十四五"规划》	加快构建换电基础设施服务网络，到 2025 年换电站达到 400 座。新建居住社区落实 100%固定车位建设充电桩或预留充电桩建设安装条件
陕西	2021/5/14	《陕西省电动汽车充电基础设施"十四五"发展规划》	规划"十四五"期间共建设各类充电桩 35.54 万个，共建设充换电站 2691 座（含充电桩 5.87 万个、换电站 20 座）、个人及单位自用充电桩 29.45 万个、乡村公用充电桩 0.22 万个，满足至"十四五"末 60 万辆电动汽车充电需求
天津	2022/6/13	《关于印发 2022 年新能源汽车充电基础设施工作要点的通知》	明确 2022 年重点在居民小区、高速公路服务区、国省干线和农村公路沿线以及物流园、产业园、大型商业购物中心、农贸批发市场等物流集散地和人员密集区配建充电基础设施，不断织密充电服务网络。计划全年新增各类充电设施超过 3000 个
湖北	2022/5/19	《湖北省能源发展"十四五"规划》	适度超前推进充电基础设施建设，打造统一智能充电服务平台，开展光储充换结合的新型充电场站试点示范，形成车桩相随、智慧高效的充电基础设施网络，到 2025 年充电桩达到 50 万个以上
湖南	2021/2/9	《关于加快电动汽车充（换）电基础设施建设的实施意见》	明确基本建成"车桩相随、开放通用、标准统一、智能高效"的充电设施体系，到 2025 年底，充电设施保有量达到 40 万个以上，保障全省电动汽车出行和省外过境电动汽车充电需求
重庆	2022/5/26	《重庆市充电基础设施"十四五"发展规划（2021—2025 年）》	构建较为完善的车桩匹配、智能高效的充电基础设施体系，有效提高充电基础设施利用效率。到 2025 年，充电站将达到 6500 座以上，换电站达到 200 座以上，公共充电桩达到 6 万个以上，自用充电桩达到 18 万个以上，公共充电设施实时在线率不低于 95%
山西	2021/4/30	《山西省"十四五"新基建规划》	加快建设新能源车配套设施，有序提升城市公共充电桩覆盖能力，便捷市民出行。推进电动车充电网络和储能网络建设，建设完善充电设施基础体系。规划到 2025 年，建成 5 万个充电桩

续表

省区市	成文/发布时间	政策名称	主要内容/政策解读
江苏	2021/11/6	《江苏省"十四五"新能源汽车产业发展规划》	到 2025 年，建成各类充电桩累计超 80 万个，其中公共充电桩累计建成约 20 万个，累计建成换电站 500 座，建成适度超前、分布合理的充换电网络
河北	2022/4/19	《关于加快提升充电基础设施服务保障能力的实施意见》	到 2025 年底，公用充电桩累计达到 10 万个，市场推广的新能源汽车数量与充电桩总量（包括公用充电桩、自备桩等）的车桩比高于 3.5∶1，能够满足 60 万～80 万辆电动汽车充电需求
河南	2021/11/25	《河南省加快新能源汽车产业发展实施方案》	到 2025 年，充换电技术水平大幅提升，设施布局持续优化，智能化、信息化运营体系基本建成。充换电设施规模、运营质量和服务便利性显著提升，建成集中式充（换）电站 2000 座以上、各类充电桩 15 万个以上。建成并投入使用各类加氢站 100 座以上，实现重点应用区域全覆盖
福建	2022/5/21	《福建省"十四五"能源发展专项规划》	加快电动汽车推广使用，继续鼓励岸电改造，按照适度超前、车桩相随、智能高效的原则，至 2025 年，基本建成便捷高效的充电网络。形成公交、环卫、物流、公务等为重点的专用车辆充电设施体系，公共停车位、独立充电站等为重点的公用充电设施服务体系，结合骨干高速公路网建设与城市充电基础设施相衔接的城市充电快充网，随车配套建成私人充电设施体系。各设区市城市核心区公共充电网络较为完备，各县城城市核心区公共充电服务网络初步建成，新增或更新公交、出租、物流等公共领域车辆新能源汽车比例不低于 80%，满足新能源汽车新车年销量占比 25%左右的充换电需求
辽宁	2020/12/2	《数字辽宁发展规划（1.0 版）》	积极布局电动汽车充电设施，到 2025 年电动汽车充电桩达到 12000 个
黑龙江	2022/2/11	《黑龙江省建立健全绿色低碳循环发展经济体系实施方案》	加快绿色交通基础设施建设，有序推进充电桩、配套电网、加注（气）站、加氢站等基础设施建设。到 2025 年，力争新增各类充电终端 1.7 万个以上
吉林	2022/8/18	《吉林省能源发展"十四五"规划》	到 2025 年，力争建成换电站 500 座，充电桩数量达到 1 万个以上，满足超过 10 万辆电动汽车充电需求
四川	2022/11/25	《四川省推进电动汽车充电基础设施建设工作实施方案》	到 2025 年，建成充电设施 20 万个，基本实现电动汽车充电站"县县全覆盖"、电动汽车充电桩"乡乡全覆盖"
浙江	2022/5/19	《浙江省能源发展"十四五"规划》	加快综合供能服务站、充电桩建设，到 2025 年，建成综合供能服务站 800 座以上，公共领域充电桩 8 万个以上、车桩比不高于 3∶1。开展新型充换电站试点
	2021/6/10	《浙江省充电基础设施发展"十四五"规划（征求意见稿）》	到 2025 年，建成公共领域充换电站 6000 座以上，公共领域充电桩 8 万个以上（其中智能公用充电桩 5 万个以上）、公共领域车桩比不超过 3∶1，新增自用充电桩 35 万个以上，力争建成 1～2 条无线充电线路，积极推动长三角充电基础设施互联互通，构建覆盖全省及长三角地区的智能充电服务网络，满足日益增长的电动汽车充电需求

省区市	成文/发布时间	政策名称	主要内容/政策解读
山东	2021/8/19	《山东省能源发展"十四五"规划》	到 2025 年，建成公共领域充换电站 8000 座、充电桩 15 万个，各市中心城区平均服务半径小于 5km 的公共充换电网络基本形成
江西	2022/5/7	《江西省"十四五"能源发展规划》	加强新能源与增量配电网、充电桩、氢能等融合发展，推动支持与储能深入融合的新能源微电网应用示范工程、"风光（水）储一体化"和"源网荷储一体化"示范项目、绿色能源示范县（区）、综合智慧能源示范项目等能源新业态新项目建设
江西	2020/12/4	《江西省加快推进电动汽车充电基础设施建设三年行动计划（2021—2023 年）》	到 2023 年，确保新建成各类充电站 96 座、各类充电桩 30000 个；力争建成 190 座、60000 个
安徽	2022/7/4	《支持新能源汽车和智能网联汽车产业提质扩量增效若干政策》	至 2025 年，公共充电桩达到 7 万个以上，换电站达到 180 座以上。鼓励各市对充（换）电设施建设运营给予补助
贵州	2021/7/22	《贵州省电动汽车充电基础设施建设三年行动方案（2021—2023 年）》	2021 年、2022 年、2023 年，分别建成电动汽车充电桩 4500 个、5000 个、5500 个。到 2023 年，累计建成电动汽车充电桩 38 万个，充电能力达到 160 万 kW，实现电动汽车充电桩乡乡"全覆盖"、电动汽车充电站县县"全覆盖"，更好地服务和满足经济社会发展需求。加快推动重卡、渣土车、搅拌车、罐车、工程机械（推土机、装载机、挖机、叉车）等电动化有关工作，因地制宜配套建设充换电站或配备移动换电站，到 2023 年累计建成换电站 15 座
云南	2022/4/21	《云南省"十四五"区域协调发展规划》	推进充电基础设施建设。按照"车桩相适，适度超前"原则，坚持政府主导、市场化运作，聚焦滇中地区、旅游重点城市以及高速公路主干线建设智能充电桩，扩大新能源汽车推广运用。到 2025 年，建成 4 万个公共充电桩，建设改造充换电站 500 座，实现全省新能源汽车充电基础设施建设运营统一平台管理
海南	2022/8/24	《海南省碳达峰实施方案》	到 2025 年，充电基础设施总体车桩比确保小于 2.5∶1，公共充电桩方面小于 7∶1，重点先行区域充电网络平均服务半径力争小于 1km，优先发展区域小于 3km，积极促进区域小于 5km
海南	2022/3/31	《海南省 2022 年鼓励使用新能源汽车若干措施》	2022 年，新建充电桩 2 万个以上，确保 2022 年底纯电动汽车与充电桩总体比例保持在 2.5∶1 以下
广西	2021/12/30	《广西新能源汽车产业发展"十四五"规划》	加快充电基础设施建设，"十四五"期间，新建公共充电桩 8 万个，新建自用充电设施 14.7 万个
青海	2022/9/8	《青海省"十四五"节能减排实施方案》	持续加大新能源汽车推广力度，有序推进道路运输场站、新能源汽车充电桩等基础设施建设。推动公共机构带头使用新能源汽车，鼓励单位内部充电基础设施向社会开放

省区市	成文/发布时间	政策名称	主要内容/政策解读
甘肃	2021/12/31	《甘肃省"十四五"能源发展规划》	推进新能源与"新基建"协同发展，实现停车场与充电设施一体化建设，促进"车—桩—网"优化运行。支持在高速公路服务区、普通国省干线服务区（停车区）、公路客运站和大型公共停车场等区域布局建设新能源汽车充电基础设施
宁夏	2022/3/22	《宁夏充电基础设施"十四五"规划》	至 2025 年底，规划建设充电桩将累计达到 6000 个，其中直流充电桩 5000 个、交流充电桩 1000 个
内蒙古	2021/11/29	《内蒙古自治区人民政府办公厅关于印发自治区新型城镇化规划（2021—2035 年）的通知》	加强新型基础设施建设。合理规划和配建充电车位与充电设施，到 2025 年建成各类充电桩 4 万个

　　"十四五"时期，南方电网将投资 100 亿元，大力推进充电设施建设。截至 2022 年，广东、广西、云南、贵州、海南五省区已经有 4000 个乡镇安装了充电桩，还有 2000 个左右的乡镇没有任何充电设施。为了实现充电设施乡镇全覆盖，南方电网将用两年时间建设 5 万个充电桩。乡镇交通枢纽、市政广场、商业中心将是这轮充电桩建设的重点区域。充电桩行业持续获得各级政府的高度重视和国家产业政策的重点支持。

　　中央层面对于充电基础设施的政策框架已经基本形成，地方政府也相继发布了充换电基础设施发展规划、建设运营管理办法等文件，思路都是围绕加快充换电基础设施建设，不断提升充电设施安全性、智能化、互联化技术水平，满足日益增长的电动汽车充电需求，推动电动汽车产业发展和消费升级，拓展充电产业上中下游产业链，带动新兴产业发展和产业结构转型升级，推进新能源与"新基建"协同发展，助力实现到"十四五"时期末，我国电动汽车充电保障能力进一步提升，形成适度超前、布局均衡、智能高效的充电基础设施体系，能够满足超过 2000 万辆电动汽车充电需求。

　　此外，在氢能基础设施方面，在国家层面政策推动下，各地方政府也纷纷响应，制定各省区市的"十四五"加氢站规划。截至 2022 年 9 月，全国各省区市已出台氢能规划文件达 90 余份，其中关于加氢站建设规划的政策汇总如表 2.12 所示。

表 2.12　加氢站各省区市相关政策汇总

省区市	政策名称	加氢站规划/座
北京	《北京市氢燃料电池汽车车用加氢站建设管理暂行办法（征求意见稿）》	74
上海	《上海市综合交通发展"十四五"规划》《上海市生态环境保护"十四五"规划》	70

续表

省区市	政策名称	加氢站规划/座
河北	《河北省推进氢能产业发展实施意见》 《河北省氢能产业链集群化发展三年行动计划（2020—2022 年）》 《河北省氢能产业发展"十四五"规划》	100
江苏	《江苏省氢燃料电池汽车产业发展行动规划》	50
浙江	《浙江省加快培育氢能产业发展的指导意见》 《浙江省加快培育氢燃料电池汽车产业发展实施方案》	50
河南	《河南省氢燃料电池汽车产业发展行动方案》 《河南省加快新能源汽车产业发展实施方案》	100
宁夏	《自治区人民政府办公厅关于加快培育氢能产业发展的指导意见》	2
山东	《山东省氢能产业中长期发展规划（2020—2030 年）》	100
广东	《广东省培育新能源战略性新兴产业集群行动计划（2021—2025 年）》 《广东省加快建设燃料电池汽车示范城市群行动计划（2022—2025 年）》	300
四川	《四川省氢能产业发展规划》	60
黑龙江	《黑龙江省新能源汽车产业发展规划（2022—2025 年）》征求意见稿	5
内蒙古	《内蒙古自治区"十四五"氢能发展规划》	60
重庆	《重庆市能源发展"十四五"规划（2021—2025 年）》	30

根据截至 2022 年 9 月仅 13 个省区市发布的 2025 年加氢站建设具体目标,总规划数量为 1001 座,完全可以实现中国汽车工程学会发布的《节能与新能源汽车技术路线图 2.0》中到 2025 年,我国加氢站建设至少 1000 座的目标。

第3章 新能源应用基础设施发展面临的潜在安全风险分析

3.1 新能源应用基础设施存在的潜在安全风险

3.1.1 新能源汽车充换电站基础设施

1. 新能源汽车技术及安全性问题

新能源汽车安全问题的成因是复杂的，根据电动汽车的组成系统进行分系统安全隐患分析，分别对电池系统、动力系统、电气系统、底盘与车身系统、低压系统以及充电过程进行分析。

（1）电池系统安全隐患。动力电池受撞击产生变形，导致断路，发生起火；电池进水引发电池外部短路，发生起火；电池在加工制备时正极材料掺杂、电池恶劣环境滥用、电解液浸润不均引发局部析锂，划破电池隔膜，引发内部短路，持续引发热失控导致动力电池起火；电池高压回路与车身间的绝缘电阻减小或者出现搭接导致金属车身带电，引发触电。

（2）动力系统安全隐患。绕组电阻失效引起定子过热，温度过高起火；逆变器控制失效导致电动机空载时无法正常启动；动力系统的高压回路与车身间出现漏电导致金属车身带电，引发触电；动力系统接地异常，导致电位均衡出现异常，引发触电。

（3）电气系统安全隐患。接通信号的互锁控制故障导致意外启动；高压环路的互锁故障导致连接器烧结，发生燃爆；线路老化破损过热导致燃爆；电源线、接地线接触不实，电源熔丝烧断导致行驶时熄火；传感器故障导致温度传感失效，可能发生燃爆；高压回路与车身间出现漏电，导致金属车身带电，引发触电；电气系统接地异常导致电位均衡异常，引发触电；高压线束绝缘层磨损、老化，接插件脱落导致高压电路外露或与其他金属件短路，引发触电。

（4）底盘与车身系统安全隐患。制动开关断路导致不能正常制动；控制器故障、加速踏板电位器损坏导致起步时全速行驶；选挡开关短路或断路导致换挡失效。

（5）低压系统安全隐患。低压系统出现短路、过热，发生起火；低压系统与高压供电系统间隔离故障，导致低压系统带高压电，引发电击事故。

（6）充电过程安全隐患。充电设备故障，引发起火；过度充/放电引发内部短路，引发立即起火或者行驶中失控起火；充电设备违规使用、私自改装，导致充电事故发生；内部高压线束进行大电流传输时发生过温、过流，导致充电事故发生；充电过程中电网电压异常导致充电电压超出充电规格要求，发生充电事故；充电线路安装时，规格不满足要求，将充电盒等安装在有潜在风险的区域导致充电过程起火、触电。

2. 基础设施规划建设问题与监管风险

2021 年，我国充电基础设施保有量达到 261.7 万个，同比增加 70.1%。然而充电基础设施规模的建设速度依旧低于车辆规模的扩张速度，同时面临诸多问题，制约并影响用户补能。

（1）新能源汽车规模化发展将带来基础设施需求的大幅上升。目前公共充电桩存在不可用、车桩不兼容、停车位被燃油车占用、充电桩易发生故障等问题；私人充电桩建设受阻，未实现随车配建充电桩的占比约为 20.5%，存在居住地物业不配合、居住地没有固定停车位等问题。随着基础设施建设的推进，以及社区私人充电桩共享、有序充电技术的应用，我国未来私家车与私人充电桩的车桩比将保持在 2∶1。到 2025 年，我国新能源汽车充电桩数量则需超过 2000 万个，随着社区充电与日间快充需求的增加，私人充电桩与公共交流充电桩数量均须大幅提升。

（2）我国充电基础设施目前还存在布局不均衡、整体服务效能偏低的问题。据统计，公共充电桩主要分布于新能源汽车消费聚集地区，北京、上海、广东等10 个省市的公共充电桩数量占比达 72%，京津冀、长三角、珠三角等新能源汽车消费聚集地区已初步形成了相对成熟的城市充电网络，但三四线城市与农村地区的充电网络亟待完善。从服务密度看，25 座全国主要城市公用充电桩的平均密度为 17.3 个/km²，深圳、上海、广州、南京、长沙和厦门公用充电桩密度超过 20 个/km²，其中，深圳公用充电桩密度最高，达到 73.2 个/km²，但不少城市公用充电桩密度低于 10 个/km²，其中，大连市公用充电桩密度仅有 4.2 个/km²。因此，在布局充电桩的同时，亟须加快新能源大功率充电站、换电站、加氢站等基础设施建设整体规划和科学布局，以保证多种技术路线应用场景的新能源汽车的安全推广。

3. 充电桩发展安全技术问题与安全隐患

目前，充电桩为新能源汽车充电的主要模式，政策倾斜、市场占有率高已形成规模效应，产业链上中下游融合度高、商业模式较为成熟，其发展向实现慢充智能化、快充便捷化、充放互动化、服务互联化、标准国际化迈进。然而，其痛点也依然存在：①用户找桩难与充电桩利用率低双向问题并存。充电行业在发展初期盲目建桩，充电桩位置偏远、燃油车占充电车位、充电桩故障、充电桩不兼容充电车型、公共充电桩不对外开放，这些都影响了用户对充电桩的使用，使充电基础设施的便捷性与"新基建"存在距离。②充电时间长。当前充电技术为保证安全而制约了充电电流，就算是直流快充也需 2h 左右才能将新能源汽车充满，交流慢充则更长（需要 7～10h 才能将新能源汽车充满），而传统燃油车的加油时间仅 5min 左右。随着新能源汽车续航里程的提升，其充电时间延长，加上停车位资源紧张，充电时间长将成为用户使用新能源汽车最大的痛点。尽管各大城市针对新能源汽车充电停车有 1h 的免费优惠，但是充电时间超过免费停车时间后，就需要收取额外的停车费，用户的充电费用也会增加。

各端口皆存在安全隐患。新能源汽车国家大数据联盟发布的《新能源汽车国家监管平台大数据安全监管成果报告》显示，自 2019 年 5 月起，在发生起火等事故的新能源汽车中，41%的车辆处于行驶状态，40%的车辆处于静止状态，19%的车辆处于充电状态。应急管理部的统计显示，新能源汽车充电过程中着火占所有着火事故的比例为 38%，车辆充满电后静止着火占所有着火事故的比例为 24%。绝大多数车辆着火事故发生在电池满充状态下，其中，电池满充程度达到 95%以上占所有着火事故的比例为 29%，电池满充程度达到 90%以上占所有着火事故的比例为 45%。具体起火原因也不统一。

（1）充电设备本体。充电设备防触电措施不符合规范；接地故障、接地连续性不符合要求；设备漏电、绝缘防护老化；充电桩绝缘异常状态下不能报警或断电；充电设备外壳绝缘防护性能不达标，绝缘材料的介电强度低、抗电性能差；充电设备运行维护不到位，导致充电模块、整流模块、接线端子等设备老化；漏电保护装置失效；防雷击保护功能故障；过流保护装置失效。

（2）充电接口。充电接口积尘、触头磨损引起烧蚀甚至燃烧；充电枪头电子锁失效，导致充电过程中用户带电插拔充电枪，接口带电，产生电火花，易造成人员受伤和设备损坏；长期高温运行，导致充电桩接线端子氧化变黑，接触电阻增大，甚至绝缘老化及烤焦。

（3）充电场景内电池。充电站电网电压波动影响正常充电；过度充电产生过热，引发电池包燃烧起火，锂离子电池过度充电导致电池隔膜刺穿，发生内部短路或碰撞、穿刺之后正负极接触发生热失控；电池管理系统故障，导致电池过充，进而引发设备着火甚至电池爆炸。

（4）充电场景建设及消防。充电桩消防设施配备不符合要求；充电场站设计、施工、建设安装不规范。

4. 换电站应用技术发展与安全问题

换电在用车效率、补能时间、延长电池使用寿命等方面具备明显优势，成为新能源汽车补能的重要补充手段，受到国家、政府和企业的重视。①快速补充能源，解决里程和充电焦虑。换电模式能够提供像燃油车加油一样便利、快捷的换电服务，可以 5min 快速换电，大幅缩短充电时间，具有和燃油车类似的使用体验，解决消费者"里程焦虑""充电等待焦虑"等问题。②调节电网峰谷差，减少对电网冲击和实现能源互联网。服务同样数量的车辆，换电模式的充电功率只有充电模式的 1/4～1/2，电网负荷减小，而且可以利用谷电为动力电池充电，避开峰时充电，减少对电网的冲击，容易和电网融合。③实现电池闭环管理，防止废旧电池污染环境。换电模式通过电池集中管理、梯次利用、回收利用等运营方式，能够实现闭环状态下的可持续盈利，延长电池寿命，同时有利于电池回收，减少了电池报废污染环境的隐患，实现电池效益最大化。④提前预判电池安全隐患。基于电池集中管理优势，换电站被业内认为具有高安全、高寿命特征。电池在换电站恒温、恒湿、统一倍率的条件下集中充电，运营企业基于大量历史运行数据，对电池的性能、健康状态进行实时监测与安全体检，通过充电过程的细微变化给电池"听诊把脉"，若发现数据异常，可及时将问题电池调取出来，现场处理或回厂维修。及时在前期发现电池安全隐患，从而有效避免起火爆炸事故的发生。

然而，换电站仍处于起步阶段，其短板也开始显现。

（1）建站成本仍偏高。目前换电站成本仍然较高，和充电站相比成本差异较大，主要体现在建设成本、电池配比成本、7×24h 有人值守的运营成本上，据初步测算，换电站的投资成本及投资收益较同等规模的充电站并无优势，难以形成可持续的盈利模式。换电模式的创始公司 Better Place 因巨额的财政负担已宣告破产；特斯拉在评估其换电业务的投入产出比过高会给公司造成极大财务风险之后直接放弃该业务。国内的换电企业同样面临着资金困境，截至 2019 年，北京新能源汽车股份有限公司已经向主营换电技术的奥动新能源累计投资数亿元，但仍处于亏损状态。

（2）电池规格难以统一。为了满足用户需求，目前国内主销的新能源乘用车车型近 100 款，未来还会大幅增加，而换电模式可覆盖的车型有限，且超过一个车企范围之外很难运行，例如，换电领域的两个大型企业——蔚来和北汽新能源的换电服务也只能供给自家车型使用，很难实现大规模推广。电池总成、接口标准化问题同时涉及规模化、市场化的经济要求，即鉴于换电站初期的巨大投入，必然要求其保有一定数量级的用户群体。扩大用户群体最直接有效的方式就是推进电池总成与接口的标准化、通用化，使电动汽车的电池组与接口满足同燃油车的标准化燃油标号和加油口与加油枪通用适配的要求。

（3）存在安全责任问题。电池包＋电池管理系统构成完整的电池系统，整车开发和验证需要搭载电池系统同步进行，确保电池系统性能及安全性。当前换电模式处于发展初期，产业链较长且颇为复杂，若发生安全事故，很难界定是电池厂商的责任、整车企业的责任，还是运营单位的责任。若在不同的品牌车辆之间进行换电，则存在电池性能不匹配问题，一旦发生安全性事故，责任难以界定。例如，2022 年 4 月 19 日晚间，北京市石景山区奥动新能源杨庄换电站发生火情，现场共烧毁两部用于出租车换电的锂离子电池，所幸未造成人员伤亡。起火原因为充电舱内电池自身短路，在静止状态下发生热失控，因当时换电站处于非营业时间，尽管站内光纤测温技术管理系统及时发出电池温度异常预警，但工作人员赶到时电池已产生明火。发生热失控的电池为北汽 EU300 出租车搭载，电池电芯由宁德时代提供，电池包由北汽自行设计生产，事故责任方还需要进一步调查确定。

（4）安全风险。从场站端看，从工业和信息化部 2016 年新能源汽车安全督查工作结果来看，以某能源换电站的检查结果为例，其场站的电池更换现场存在安全警示不足现象，配套充电厂房内三元锂电池包就地摆放，存在安全风险，如果规模化存储电池的换电站着火，会引发更大的危险。从车辆端看，车辆底盘反复安装，动力电池反复拆装，对底盘的坚固性和耐久性也提出了高要求。

3.1.2　氢能全流程基础设施

1. 氢能基础设施发展面临的安全风险

氢气是无色、无味、无毒、可燃易爆的气体，不易察觉，易泄漏、易扩散，易燃烧、易爆炸。氢气的主要特性如表 3.1 所示。

表 3.1　氢气与甲烷、汽油气的燃烧、爆炸性能比较

参数	氢气	甲烷	汽油气
相对密度	0.07	0.55	3.4～4
空气中的扩散系数/（cm^2/s）	0.61	0.16	0.05
燃烧下限/（空气，体积分数）	4%	5%	1.1%
燃烧上限/（空气，体积分数）	75%	15%	5.9%
燃烧速度/（cm/s）	270	37	30
引燃温度/℃	500	537	288
点火能/mJ	0.02	0.29	0.24
爆炸下限/（空气，体积分数）	13%～18.3%	6.3%	1.1%

续表

参数	氢气	甲烷	汽油气
爆炸上限/（空气，体积分数）	59%	13.5%	3.3%
单位能量/（gTNT·kJ）	0.17	0.19	0.21
单位体积/（gTNT·m³）	2.02	7.03	44.22

（1）扩散性能。氢气分子小，密度小，相对密度为空气的 7%。氢气的扩散系数是甲烷的 3.8 倍，汽油气的 12 倍，扩散速度快于甲烷和汽油气。

（2）燃烧性能。氢气的燃烧极限为 4%～75%。氢气的燃烧下限是汽油气的 3.6 倍，略低于甲烷。氢气的点火能为 0.02mJ，远低于甲烷和汽油气。实际上，氢气的最小点火能是在浓度为 25%～30%的情况下得到的。当浓度在爆炸下限附近时，点燃氢气/空气混合物所需要的能量与甲烷基本相同。

（3）爆炸性能。在空气中，氢气的爆炸下限为 13%～18.3%，是甲烷的 2～3 倍，是汽油气的 11～17 倍。氢气从燃烧下限到爆炸下限的差值显著高于甲烷和汽油气，该差值越大，表明燃料从泄漏扩散燃烧再转为爆炸的过程间隙越大，即为安全防护系统工作留出的空间越大。

（4）爆燃、爆轰与爆炸。在分析氢气的安全性时，既要关注燃烧浓度范围，也要关注爆炸浓度范围。氢气的爆炸浓度范围是 18.3%～59%，燃烧浓度范围是 4%～75%。两者是有明显差异的，如果将氢气的燃烧浓度范围当作爆炸浓度范围，就放大了氢气的易爆性。

（5）沸点。标准大气压下氢气沸点为–252.77℃（20.38K），是除氦气之外最难液化的气体，即使在高压下也不易液化，因此氢气称为"永久气体"。氢气液化需消耗大量能量，且液氢存在低温冻伤风险。

（6）最小点火能。氢气最小点火能极低，仅 0.019mJ，人体静电可达 10mJ。作业人员需穿着防静电服，并在操作前需进行静电释放操作，方可进入氢气环境操作。涉氢设备设施需采取良好的防雷、接地措施。大量氢气泄放产生快速流动，可能由摩擦产热、静电等因素引起着火，宜在放空管末端设置阻火器。

当前，氢能基础设施主要用于高压氢运输、储存及加注，主要安全风险是高压氢泄漏引发的氢气燃爆及高压容器设备的物理破裂。比较典型的风险如下。

（1）在氢气生产过程，制氢装置及氢气纯化装置（特别是站内制氢装置）具有高阻塞度，可能由于氢气泄漏燃爆造成极大的喷射火热辐射及爆炸超压影响。

（2）在氢气运输过程，管道及长管拖车存在周边防护安全与交通安全问题，氢气泄漏后对其周边的影响可能更加凸显，在人员密度高的城市道路，长管拖车发生泄漏燃爆事故的后果是不可接受的。

（3）在氢气装卸及加注过程，涉及人员操作，加氢软管、卸车软管等设备及零部件存在薄弱环节，可能造成氢气泄漏并形成喷射火。

（4）在氢气储存环节，可能由于材质问题或者容器加工工艺不当，产生氢相容性问题，进而引起氢脆等。

（5）未来大规模氢能使用过程中，液氢是一条具有潜力的发展路线。液氢基础设施可能发生低温材料脆性断裂、液氢泄漏及爆炸、容器隔热失效引发物理超压爆裂等问题，这些都需要在开展应用前解决。

2. 制氢基础设施技术情况及潜在风险分析

1）电解水制氢

电解水制氢在氢能发展之前属于比较小众的制氢工艺，但氢能的发展及氢能与新能源的结合产生的"绿氢"概念对电解水制氢技术产生了较大的影响。电解水制氢装置单槽产能一般为数百标方/时，纯度一般为 99.9%～99.999%。装置占地面积大，投资强度大，运营成本相对较高（主要受电价的影响较大）。

电解水制氢的原理如下：将浸没在电解液中的一对电极的中间隔以防止气体渗透的隔膜，从而形成电解池，通以一定电压的直流电，水发生分解。目前成熟商用的电解水制氢工艺分为碱性电解水制氢和质子交换膜电解水制氢两种。国内以碱性电解水制氢为主，应用较为成熟，成本较低，单槽最大产能可达 1000Nm³/h，运行压力较低（一般为 1.6～1.8MPa）。质子交换膜电解水制氢技术尚处于研发、商用初期，成本较高，单槽产能一般为数百标方/时，但运行压力高达数兆帕。

电解水制氢技术的潜在风险分析如下。

（1）火灾、爆炸。氢气属于易燃易爆气体，氧气属于强氧化性气体，在氧气环境中可燃物着火点显著下降，电解车间、压缩车间、充装区、氢气罐区等区域均可能由于氢、氧泄漏发生火灾、爆炸事故。电解车间、压缩车间、充装区、氢气罐区、管廊区等区域涉及固定式压力容器、气瓶、移动式压力容器、压力管道等特种设备，可能由于超压、缺陷、爆燃、安全附件失效等原因发生爆炸。变配电间可能由于电火花发生火灾事故。

（2）化学灼伤。电解液为强碱性溶液，电解液泄漏会对作业人员造成化学灼伤。

（3）中毒和窒息、过氧。电解液中含有 V_2O_5 等有毒物质，检修、配液等过程中的个体防护不当、操作失误等可能造成中毒事故。氮气、氢气等气体属于窒息性气体，在室内的大量泄漏可能造成局部供氧不足，发生窒息事故。电解车间氧气管路的大量泄漏可能造成局部氧气含量过高，产生过氧，对人体有害，并可能产生火灾、爆燃事故。

（4）触电。电气设备金属外壳未设计保护接地或保护接地失效，供电设备设施产品质量不佳，绝缘性能不好，可能对作业人员造成触电伤害。

（5）高处坠落。在登高作业时，高落差挡土墙、充装台等区域由于爬梯、防护栏的腐蚀、变形，以及雨雪湿滑等原因可能发生高处坠落事故。

（6）车辆伤害。进出车辆、充装区车辆、厂区内夜间行驶车辆由于道路、车辆状态、驾驶员素质等原因可能造成损坏或交通事故。

（7）起重伤害。建设期间、检修期间的起重作业可能由于起重设备/器具缺陷、作业人员失误等原因造成起重伤害。

（8）烫伤。电解槽区域局部温度为 90～140℃，压缩车间压缩机排气温度为100～180℃，均可能造成作业人员烫伤。

（9）噪声。设备运行、设备震动、工艺泄放、管道流速过快均可能产生噪声，对作业人员听觉有害。

（10）机械伤害。转动设备、压缩机传动部位保护罩损坏或失效，可能造成作业人员机械伤害。

2）甲醇裂解制氢

甲醇是一种大宗化工原料，价格相对稳定。甲醇裂解制氢是一种极为简单的制氢工艺，投资强度相对较低，特别适合产能为数百标方/时到数千标方/时的制氢装置，纯度一般为99.9%～99.999%。甲醇裂解制氢是合成气制甲醇的逆向反应过程，在一定温度（200～300℃）、压力（1.0～2.5MPa）和催化剂的作用下，甲醇与水蒸气反应生成一氧化碳和氢气，进一步通过水煤气变换反应生成二氧化碳和氢气。

甲醇裂解制氢技术的潜在风险分析如下。

（1）火灾、爆炸。氢气属于易燃易爆气体，可能由于氢泄漏发生火灾、爆炸事故。涉及固定式压力容器、移动式压力容器、气瓶、压力管道等特种设备，可能由于超温、超压、缺陷、爆燃、安全附件失效等原因发生爆炸。变配电间可能由于电火花发生火灾事故。

（2）中毒和窒息。甲醇有一定毒性，可能引起失明、肝病。检修、卸料等过程中的个体防护不当、操作失误等可能造成中毒事故。氮气、氢气等气体属于窒息性气体，在室内的大量泄漏可能造成局部供氧不足，发生窒息事故。

（3）触电。电气设备金属外壳未设计保护接地或保护接地失效，供电设备设施产品质量不佳，绝缘性能不好，可能对作业人员造成触电伤害。

（4）高处坠落。在登高作业时，高落差挡土墙、充装台等区域由于爬梯、防护栏的腐蚀、变形，以及雨雪湿滑等原因可能发生高处坠落事故。

（5）车辆伤害。进出车辆、充装区车辆、厂区内夜间行驶车辆由于道路、车辆状态、驾驶员素质等原因可能造成损坏或交通事故。

（6）起重伤害。建设期间、检修期间的起重作业可能由于起重设备/器具缺陷、作业人员失误等原因造成起重伤害。

（7）烫伤。加热炉、转化区域局部温度均为200~300℃，若保温层失效，可能造成作业人员烫伤。加热炉观火操作可能对眼部产生热辐射烫伤。压缩车间压缩机排气温度为100~180℃，可能造成作业人员烫伤。

（8）噪声。设备运行、设备震动、工艺泄放、管道流速过快均可能产生噪声，对作业人员听觉有害。

（9）机械伤害。转动设备、压缩机传动部位保护罩损坏或失效，可能造成作业人员机械伤害。

3）天然气重整制氢

天然气重整制氢是除煤制氢之外应用最广的制氢工艺，其工艺相对煤制气更为简单，且易于实现大规模制氢，装置占地面积相对较小。天然气重整制氢的原理如下：天然气与水蒸气在一定温度压力下，通过催化剂的作用转化为氢气和一氧化碳，进一步通过水煤气变换反应生成二氧化碳和氢气，变换气作为原料气进入变压吸附（pressure swing adsorption，PSA）工段提纯。天然气重整制氢的纯化技术一般采用变压吸附法，与甲醇裂解制氢类似。

天然气重整制氢技术的潜在风险分析如下。

（1）火灾、爆炸。氢气属于易燃易爆气体，可能由于氢泄漏发生火灾、爆炸事故。涉及固定式压力容器、移动式压力容器、气瓶、压力管道等特种设备，可能由于超温、超压、缺陷、爆燃、安全附件失效等原因发生爆炸。废热锅炉可能由于缺水发生物理性爆炸。变配电间可能由于电火花发生火灾事故。

（2）窒息。氮气、氢气等气体属于窒息性气体，在室内的大量泄漏可能造成局部供氧不足，发生窒息事故。

（3）触电。电气设备金属外壳未设计保护接地或保护接地失效，供电设备设施产品质量不佳，绝缘性能不好，可能对作业人员造成触电伤害。

（4）高处坠落。在登高作业时，高落差挡土墙、充装台、转化炉平台等区域由于爬梯、防护栏的腐蚀、变形，以及雨雪湿滑等原因可能发生高处坠落事故。

（5）车辆伤害。进出车辆、充装区车辆、厂区内夜间行驶车辆由于道路、车辆状态、驾驶员素质等原因可能造成损坏或交通事故。

（6）起重伤害。建设期间、检修期间的起重作业可能由于起重设备/器具缺陷、作业人员失误等原因造成起重伤害。

（7）烫伤。转化炉膛内温度约1000℃，若保温层失效，可能造成作业人员烫伤。转化炉观火、观察炉管状态操作可能对眼部、面部产生热辐射烫伤。压缩车间压缩机排气温度为100~180℃，可能造成作业人员烫伤。

（8）噪声。设备运行、设备震动、工艺泄放、管道流速过快均可能产生噪声，对作业人员听觉有害。

（9）机械伤害。转动设备、压缩机传动部位保护罩损坏或失效，可能造成作业人员机械伤害。

4）化工副产氢

化工副产氢一般受上游化工尾气限制较大，不同的化工尾气氢含量不同，杂质组成不同，氢气纯化难度也有较大区别。氯碱尾气的氢含量较高，主要杂质是微量氧气和氮气，其次是饱和水分，一般通过脱氯、脱氧、冷却后，进变压吸附纯化装置提纯，产品纯度一般可达 99.999%。焦炉煤气组分较为复杂，一般含焦油等杂质，可能需要变温吸附（temperature swing adsorption，TSA）法和变压吸附法配合纯化，工艺相对复杂，纯度不高（一般为99%~99.9%）。合成氨驰放气回收氢气一般采用中空纤维管膜分离法，回收的氢气纯度不高（一般为85%~99%），符合合成氨要求，可达到增产降耗的目的。若要达到燃料电池标准，则需增设变压吸附纯化装置，且氢气回收率较低。

（1）火灾、爆炸。氢气属于易燃易爆气体，可能由于氢泄漏发生火灾、爆炸事故。涉及固定式压力容器、移动式压力容器、气瓶、压力管道等特种设备，可能由于超温、超压、缺陷、爆燃、安全附件失效等原因发生爆炸。变配电间可能由于电火花发生火灾事故。

（2）中毒和窒息。硫化氢、一氧化碳可能造成中毒事故。氮气、氢气等气体属于窒息性气体，在室内的大量泄漏可能造成局部供氧不足，发生窒息事故。

（3）触电。电气设备金属外壳未设计保护接地或保护接地失效，供电设备设施产品质量不佳，绝缘性能不好，可能对作业人员造成触电伤害。

（4）高处坠落。在登高作业时，高落差挡土墙、充装台平台等区域由于爬梯、防护栏的腐蚀、变形，以及雨雪湿滑等原因可能发生高处坠落事故。

（5）车辆伤害。进出车辆、充装区车辆、厂区内夜间行驶车辆由于道路、车辆状态、驾驶员素质等原因可能造成损坏或交通事故。

（6）起重伤害。建设期间、检修期间的起重作业可能由于起重设备/器具缺陷、作业人员失误等原因造成起重伤害。

（7）烫伤。压缩车间压缩机排气温度为 100~180℃，可能造成作业人员烫伤。

（8）噪声。设备运行、设备震动、工艺泄放、管道流速过快均可能产生噪声，对作业人员听觉有害。

（9）机械伤害。转动设备、压缩机传动部位保护罩损坏或失效，可能造成作业人员机械伤害。

3. 氢能运输基础设施技术情况及潜在风险分析

1）高压气态运输

高压气态运输是当前应用较为广泛且比较成熟的输氢技术，也是当前加氢站和工业气体行业最主要的供氢模式。高压气态运输又分为气瓶、集装格、管束车等形式。气瓶分为钢质气瓶和缠绕复合气瓶，储气压力有 15MPa 和 20MPa 等规格，单瓶水容积有 40L、50L 等规格，单瓶满载仅 8～10Nm³，可由多瓶组成集装格；管束车主要有 20MPa 级别，单车水容积分为 22.5m³、23.8m³、26m³、36.6m³ 等规格，单车满载可达 300～600kg。

管束车和气瓶充装过程中最大的风险在于充装软管，其易发生泄漏、断裂，进而发生燃烧、火灾，甚至爆炸事故。

气瓶或集装格充装时存在操作失误造成的超温、爆燃、爆炸等风险，装卸、运输时存在起重伤害、车辆伤害、泄漏、着火、燃烧、爆炸，以及运输车辆由于道路、车辆状态、驾驶员素质等原因造成损坏或交通事故等风险。

管束车运输时存在泄漏、着火、燃烧、爆炸，以及运输车辆由于道路、车辆状态、驾驶员素质等原因造成损坏或交通事故等风险。

2）低温液氢运输

低温液氢运输是当前应用较少的氢储运技术，类似液氧与液氮的运输。低温液氢运输目前国内仅限于军工行业发射火箭的燃料，民用领域尚无应用案例。

相对于高压气态运输的风险，低温液氢运输的风险尚有低温冷冻伤害。

3）管道输氢

管道输氢是应用最为广泛的输氢技术，可实现大量、连续输氢，储运单位成本较低。

管道输氢的潜在风险涉及噪声、泄漏、高处坠落，管廊、管架较为空旷，火灾、爆炸风险相对较小，但不便于巡检、检漏，无法排除风险。

4. 加氢及加氢综合能源站基础设施技术情况及潜在风险分析

1）高压气氢加氢站

高压气氢加氢站以高压氢气为氢源，经站内压缩机、储氢瓶组、加氢机及管路系统向氢能源车辆加注氢气。高压气氢加氢站是当前比较普遍的加氢站模式，特别是加氢示范站。

（1）火灾、爆炸。氢气属于易燃易爆气体，可能由于氢泄漏发生火灾、爆炸事故。涉及固定式压力容器、移动式压力容器、气瓶、压力管道等特种设备，可能由于超压、缺陷、爆燃、安全附件失效等原因发生爆炸。变配电间可能由于电火花发生火灾事故。

（2）窒息。氮气、氢气等气体属于窒息性气体，在室内的大量泄漏可能造成局部供氧不足，发生窒息事故。

（3）触电。电气设备金属外壳未设计保护接地或保护接地失效，供电设备设施产品质量不佳，绝缘性能不好，可能对作业人员造成触电伤害。

（4）车辆伤害。进出车辆、充装区车辆、厂区内夜间行驶车辆由于道路、车辆状态、驾驶员素质等原因可能造成损坏或交通事故。

（5）起重伤害。建设期间、检修期间的起重作业可能由于起重设备/器具缺陷、作业人员失误等原因造成起重伤害。

（6）烫伤。压缩机排气温度为100～180℃，可能造成作业人员烫伤。

（7）噪声。设备运行、设备震动、工艺泄放、管道流速过快均可能产生噪声，对作业人员听觉有害。

（8）机械伤害。转动设备、压缩机传动部位保护罩损坏或失效，可能造成作业人员机械伤害。

2）油氢电综合能源站

油氢电综合能源站将加氢设施与加油设施、充电桩等集成在一个服务站内，实现供氢、供油、供电服务。油氢电综合能源站是当前规划较多的加氢站形式，特别是传统加油站扩增加氢、充电服务为油氢电综合能源站。

油氢电综合能源站的潜在安全风险基本与高压气氢加氢站一致，但由于增加供油、供电服务，风险更复杂。

3）制氢加氢一体站

制氢加氢一体站是在加氢站的基础上向上延伸，配套制氢装置为加氢站自供氢源，降低氢储运成本，从而整体降低氢气加注成本。制氢加氢一体站当前处于示范阶段，由于制氢部分在国内属于危险化学品生产，相对于危险化学品经营的管理更为严格，暂不具备大规模建设的条件。

制氢加氢一体站的潜在安全风险基本与高压气氢加氢站一致，但由于新增了制氢站，所涉及的相关风险更为复杂。

4）液氢加氢站

液氢加氢站与高压气氢加氢站类似，只是供氢形式改为液氢槽车，并且在站内需设置液氢储槽、液氢泵、氢气汽化器等配套设施。

液氢加氢站在国外已成熟应用，但国内受制于液氢民用政策尚未取得实质性突破，液氢相关技术装备较为落后，液氢加氢站在国内尚未起步。国内已有部分装备厂家展开液氢、液氢技术装备的研发，未来可能有突破的空间。

液氢加氢站除了面临常规加氢站的风险，还有液氢相关的风险。例如，液氢的工作温度较液氧与液氮更低，可能对作业人员产生低温冻伤。又如，液氢的密度更大，一旦泄漏，会急剧汽化，更易发生燃烧、爆炸。

5）其他加氢基础设施

针对一些特殊场景，还存在换氢站、移动加氢车、移动撬装加氢站等加氢设施。换氢站可直接对储氢设备进行更换，可用于火车、轮船等一次性加注量较大的场合，例如，氢能火车可以直接将20MPa管束车更换至火车上，单车有效供氢量可达300～500kg，并节省车载气瓶、加氢设施的建设，直接依托制氢站充装设备，但需设置更换管束车的行车装置。移动加氢车设有制氢、储氢、增压等装置，用于提供氢气加注服务。移动加氢车可对车载氢源耗尽的车辆实施救援，但供氢量一般较小。移动撬装加氢站在一个或多个底盘上设有制氢、储氢、增压、加注等装置及连接管线、安全设施等，可组成一套功能齐备的加氢装置。

换氢站除了常规加氢站的风险，更多的是起重设备可能产生机械伤害，更换气瓶期间较为复杂的操作可能产生泄漏、燃烧、爆炸等事故。

移动加氢车、移动撬装加氢站除了常规加氢站的风险，更需注意由于加氢设施整体撬于较小的集装箱内，存在形成密闭空间的风险，一旦发生泄漏、着火事故，易蔓延为爆炸事故。另外，二者有别于其他相对固定的加氢设施，还存在道路、车辆状态、驾驶员素质等原因可能造成车辆损坏或交通事故的风险。

5. 其他氢能终端技术情况及潜在风险分析

分布式发电装置不同于当前加氢站的模式，氢气应用离民众更近，缺乏相关的基础培训或者作业人员的素质不足可能导致泄漏、着火事故，且突发情况下民众的应急处置能力不如制氢站、加氢站工作人员，处置不当或处置不及时可能导致事故扩大。

氯碱工业中的副产氢气热电联供场景的风险类似普通加氢站、制氢站，且应避免燃料电池冷却系统发热超温对设备、材料性能产生影响。

3.1.3　储能基础设施

储能基础设施安全问题不仅是电池本身的安全问题，而且涉及储能系统设计研发、设备选型、生产制造、电站设计、施工、验收、运维、退役回收等各环节，任何一个环节的疏忽都可能酿成重大的安全事故。

（1）安全技术不成熟。各厂家电池质量良莠不齐，部分储能电池执行电动汽车电池标准，针对规模应用的储能电池单体、模组缺乏系统性安全设计，个别新型储能器件技术尚不成熟。普遍缺乏可燃气体探测装置，无法提前探测电池热失控状态。常规烟感、温感探测器难以有效识别电池早期异常状态，预警相对滞后。不同规模和类型的储能电站固定灭火系统配置标准不明确，微型储能电站尚无明确有效的消防设施配置标准，现有七氟丙烷等气体灭火系统可快速扑灭明火，但缺乏降温能力，难以抑制电池火灾复燃。

（2）标准规范不完善。截至 2020 年，电化学储能标准体系共包含标准及计划 149 项，其中，国家标准 22 项，行业标准 68 项，团体标准 59 项。在设备及试验、规划设计、并网调度、运行维护等方面已具备核心标准，但在施工、调试、验收、消防、检修等方面标准尚不完善。现有部分标准发布时间较早，无法满足储能行业快速发展的需要。

（3）消防问题解决难。消防验收难度大，各地住建、消防部门大多认为电池预制舱为电气设备，拒绝接受小型储能电站消防工作图纸审核和验收。气体灭火、泡沫灭火、细水雾灭火等系统作业人员应具备高级消防设施操作员资格，但高级资格取证要求高、周期长，相应专业人员匮乏。

（4）安全管理体系不健全。部分储能电站的投资、建设、租赁、运维等各相关方之间安全责任界定不够清晰。管理单位尚未制定储能电站相关安全管理制度、规范或评价标准，安全管理制度规程不完善。部分储能电站建设在电网公司变电站或所属土地内，未明确土地使用权、资产分界点及安全风险责任划分。

（5）依法合规建设不完善。项目建设规划许可、施工许可、安全评价、并网测试等手续不齐全，部分储能电站的电池、储能变流器等核心部分检验不全面。

（6）调试运维管理不规范，如忽视安装调试阶段安全风险，未制订相应实施方案、应急预案，安全工艺不到位；运维人员技术能力良莠不齐、安全保障能力不足；储能设施、灭火系统维护保养不到位。

（7）应急处置能力不足。多数储能电站应急预案和现场处置方案不完善，部分电站应急装备不齐备，未与属地消防部门建立联动机制，现场运维人员缺乏应急知识和能力，对灭火系统、消防设施操作不熟练，对灭火和应急疏散预案不熟悉，地方消防救援队员不清楚电池火灾扑救方法。

3.2 新能源应用典型安全事故案例分析

3.2.1 新能源汽车

2022 年 7 月 22 日上午，某知名艺人驾驶一辆白色特斯拉 Model X，疑似因未注意车前状况，不慎碰撞隔离带。在其和其儿子被救出车辆 5s 后，车辆便起火燃烧，且在数分钟内车辆被烧得只剩骨架。2022 年 9 月 5 日，苏州一辆保时捷 Taycan 在撞上护栏之后瞬间引发大火。由于碰撞之后车身发生一定程度的形变，救援人员无法在车外通过打开车门的方式进行救援，最终车内被困人员被大火夺去了生命。

短短几个月，新能源汽车安全事故频出。国家消防救援局数据显示，2021 年，全国新能源汽车火灾累计发生约 3000 起，新能源汽车的火灾风险总体高于传统燃油车；2022 年第一季度新能源汽车火灾事故增幅较大，国内接报的新能源汽车火灾共计 640 起，相比同期上升 32%，高于交通工具火灾事故的平均增幅（8.8%）。

新能源汽车的安全性问题一直备受关注。根据 2022 年世界动力电池大会给出的数据，电动汽车起火率约为 0.03%，略高于传统燃油车。从起火汽车所处状态来看，40%处于行驶状态，25%处于静止状态，35%处于充电状态。从起火原因来看,主要包括电池部件老化、外部碰撞、高温天气、电池热失控、高负荷等。其中,用火用电因素所导致的火灾占一半以上,另一大诱因则为外部碰撞起火。新能源车的动力电池普遍安装于底盘,在磕碰后不易察觉,火灾起势快,较难扑灭,危险性高。

有报道的 2022 年 1~11 月国内新能源汽车自燃事故统计见表 3.2。2022 年 1~11 月国内新能源汽车自燃事故中,自燃的状态大部分为静止起火、充电起火、行驶中起火、碰撞起火等。新能源汽车自燃不分汽车品牌、档位与产地,涉及特斯拉、比亚迪等车型。事故发生的特点除燃烧速度快且容易爆燃外,还有难以快速控制自燃火势。据相关工作人员透露,新能源汽车的灭火过程不低于 40min。此外,新能源汽车自燃后复燃率更高,电动汽车中锂离子电池发生热失控后,并非在瞬间将能量全部释放,而是随着热量蔓延,逐渐扩散到周围的电池单元,因此会发生扑灭又复燃的情况。根据某机构测算,锂离子电池起火最多可复燃 15 次。

表 3.2　2022 年 1~11 月国内新能源汽车自燃事故统计(有报道)

时间	品牌	城市	事故状态
11 月 24 日	比亚迪	北京	充电中
11 月 15 日	比亚迪	河南南阳	静止停放
11 月 10 日	宝马	山东济南	电池短路
11 月初	北汽	—	静止停放
11 月初	北汽	陕西西安	—
10 月 28 日	比亚迪	山东烟台	充电后启动中
10 月 25 日	哪吒	湖南邵阳	静止停放
9 月 29 日	比亚迪	四川成都	充电中
9 月 19 日	荣威	广东广州	—
9 月 16 日	小鹏	江苏常州	碰撞后车身起火
9 月 10 日	奇瑞	江苏镇江	静止停放
9 月 8 日	别克	江苏扬州	行驶中
9 月 5 日	保时捷	江苏苏州	碰撞护栏后车身起火
9 月 1 日	北汽	北京	静止停放
8 月 31 日	奇瑞	河南开封	4S 店充电中
8 月 29 日	奇瑞	福建厦门	充电中
8 月 24 日	吉利	北京	静止停放
8 月 19 日	荣威	安徽合肥	静止停放

续表

时间	品牌	城市	事故状态
8 月 14 日	江淮	四川宜宾	电瓶故障
8 月 16 日	奇瑞	山西太原	充电中
8 月 16 日	比亚迪	四川阆中	行驶中
8 月 12 日	吉利	浙江杭州	静止停放
8 月 12 日	保时捷	广东广州	行驶中
8 月 2 日	东风	浙江温州	充电中
8 月 1 日	比亚迪	广东深圳	静止停放
8 月 1 日	理想	四川成都	行驶中
7 月 27 日	奇瑞	上海	车库中
7 月 26 日	宝马	河南郑州	行驶中
7 月 22 日	特斯拉	台湾桃园	碰撞后车身起火
7 月 21 日	特斯拉	浙江杭州	碰撞后车身起火
7 月 14 日	威马	广东东莞	充电中
7 月 9 日	比亚迪	广西南宁	4S 店起火
7 月 7 日	保时捷	湖南长沙	行驶中
7 月 6 日	众泰	山东济宁	启动中
7 月 5 日	小鹏	上海	碰撞后车身起火
7 月 3 日	荣威	上海	行驶中
7 月 2 日	大众	—	充电中
6 月 26 日	比亚迪	广东深圳	静止停放
6 月 26 日	岚图	湖北襄阳	静止停放
6 月 21 日	小鹏	广东佛山	静止停放
6 月 14 日	比亚迪	上海	静止停放（车主改装引起）
6 月 13 日	赛力斯	内蒙古鄂尔多斯	静止停放
6 月 12 日	比亚迪	广东珠海	静止停放
6 月 6 日	比亚迪	广西贵港	行驶中
6 月 6 日	比亚迪	广东佛山	行驶中
5 月 31 日	比亚迪	上海	静止停放
5 月 28 日	比亚迪	广东深圳	—
5 月 27 日	力帆	山西太原	充电中
5 月 13 日	广汽埃安	广东广州	充电中
5 月 12 日	特斯拉	香港	静止停放

续表

时间	品牌	城市	事故状态
5 月 8 日	理想	—	行驶中
5 月 5 日	北汽	广东深圳	充电中
4 月 18 日	特斯拉	辽宁大连	碰撞后车身起火
4 月 18 日	威马	海南海口	充电中
4 月 15 日	比亚迪	海南三亚	—
4 月 11 日	力帆	四川成都	行驶中
4 月 6 日	长城	广西南宁	充电后静止停放
4 月 6 日	哪吒	广东江门	静止停放
4 月 5 日	爱驰	四川成都	充电中
4 月 2 日	比亚迪	广东韶关	停车保养
3 月 28 日	小鹏	广东深圳	静止停放
3 月 25 日	比亚迪	上海	静止停放
3 月 23 日	比亚迪	浙江杭州	—
约 3 月 20 日	比亚迪	—	—
约 3 月 19 日	比亚迪	上海	静止停放
2 月 25 日	理想	—	碰撞后车身起火
2 月 24 日	力帆	四川成都	充电中
2 月 24 日	理想	—	静止停放
2 月 13 日	比亚迪	广东中山	—
1 月 28 日	比亚迪	福建三明	静止停放
1 月 26 日	比亚迪	上海	拖车中
1 月 20 日	威马	海南三亚	充电后行驶中
1 月 13 日	比亚迪	—	静止停放
1 月 12 日	东风	—	充电中

3.2.2　充换电站

　　新能源汽车安全事故数据统计中，35%来自充电过程中。充电桩常安装于停车场，发生爆炸时易因引爆其他车辆造成重大事故，例如，2023 年 1 月 30 日在三亚机场附近天涯区凤凰村空地处停放的新能源客车发生火灾，共过火新能源客车 67 辆，过火面积约 $1800m^2$，造成重大财产损失。为此各地方消防局公众号发送推文提醒民众如何安全充电以预防车辆火灾。

除常规充电桩外，换电站也于 2022 年发生首例安全事故。2022 年 4 月 19 日晚，奥动新能源杨庄换电站起火。现场共烧毁两部用于出租车换电的锂离子电池，无人员伤亡，火灾原因为充电舱内电池自身短路。

3.2.3　储能电站

储能行业蓬勃发展的背后，储能安全问题也频频见诸报端。

近年来，韩国陆续部署了 1000 多个锂离子电池储能项目。2017～2021 年发生了 32 起储能电站火灾事故。根据 2019 年 6 月 11 日韩国政府发布的《储能电站火灾事故调查结果报告》，在前 23 起安全事故中，按储能电站容量划分，不足 1MW·h 容量的储能电站有 1 起，1～10MW·h 容量的储能电站有 17 起，超过 10MW·h 容量的储能电站有 5 起；按储能电池类型划分，三元锂电池的储能电站有 21 起，磷酸铁锂电池的储能电站有 2 起；按应用场景划分，参与可再生能源发电应用的储能电站有 17 起，参与电力需求侧管理的储能电站有 4 起，参与电力系统调频的储能电站有 2 起；按发生事故时所处状态划分，充满电后处于待机状态的储能电站有 14 起，处于充放电运行状态的储能电站有 6 起，尚处于安装或调试状态的储能电站有 3 起。储能电站火灾事故诱因有 5 个：①电池保护系统存在缺陷；②运行环境管理不规范；③安装与调试规程存在缺失问题；④综合保护管理体系不完善；⑤部分电池存在制造缺陷，易发生电池内部短路，进而诱发火灾事故。

2019 年 4 月 19 日，美国亚利桑那州麦克米肯（McMicken）变电站中锂离子电池储能设备发生起火。该变电站装有 2 套 2MW/2MW·h 三元锂电池储能系统，主要用于提升光伏发电的并网友好性。该变电站储能系统出现故障后，在消防员开展现场检查时发生爆炸，致使消防员受伤。2020 年 7 月 18 日，该变电站所属企业发布该储能事故分析报告，将事故原因总结为 5 个方面：①电池内部故障引发热失控；②灭火系统无法阻止电池的级联式热失控；③电芯单元之间缺乏足够的隔热层保护；④易燃气体在没有通风装置的情况下积聚，当预制舱门被打开时引起爆炸；⑤应急响应计划没有灭火、通风和进入事故区域的程序。

2021 年 7 月 30 日上午，在澳大利亚"维多利亚大电池"储能项目测试过程中，一个特斯拉电池集装箱发生了火灾，并引燃了另一个电池集装箱。事故发生后，消防员仅采用远程高压水喷淋方式，没有采用其他消防灭火措施，经过 4 天多的燃烧，现场火灾得到基本控制。2021 年 9 月，澳大利亚维多利亚州能源安全部门发布该事故调查结果，认为该储能项目的冷却系统内泄漏造成电池短路，继而引发了储能火灾，监控系统没有按要求 24h 运行也是该事故暴露出的问题。

2022 年 4 月 18 日，美国亚利桑那州盐河（Salt River）变电站内储能设施也发生了火灾,自事故发生以来闷烧 5 天并持续冒烟,采用水喷淋系统只能控制火势但无法彻底灭火,该事故调查报告认为当时储能电站爆炸有 5 个主要因素:①电池单元的内部故障引发了热失控;②灭火系统无法阻止热失控;③电池之间缺乏热障导致级联热失控;④易燃气体浓缩,没有通风装置;⑤应急响应计划没有灭火、通风和进入程序。

在国内,2017 年 3 月 7 日和 2018 年 12 月 22 日在山西某火电厂发生两起锂离子电池储能系统火灾事故。该火电厂安装 3 套 3MW/1.5MW·h 预制舱式三元锂电池储能机组,用于辅助机组自动频率控制(automatic frequency control,AGC)。两次火灾事故分别造成一套储能系统设备损坏。调查认定,2017 年 3 月 7 日的储能系统火灾事故发生在系统恢复启动过程中,原因是系统恢复启动过程中浪涌效应引起的过大电压和电流未得到电池管理系统的有效保护,导致事故蔓延扩大。另外,该系统设置的七氟丙烷灭火系统虽然执行了动作,但是未能将火灾扑灭。该储能系统有 4 个电池舱,每个电池舱的容量为 2MW·h,每个电池舱内有 216 个模块电池箱。调查认定,起火部位是 4 号电池舱东北角从上至下第一个电池箱处,起火原因为人员操作不当导致电池外短路。

北京“4·16”光储充项目安全事故造成 1 人遇难、2 名消防员牺牲、1 名消防员受伤,火灾直接财产损失达 1660.81 万元。2021 年 11 月 22 日,北京市应急管理局发布该事故调查报告,认为起火的直接原因是磷酸铁锂电池发生内短路故障,引发电池热失控起火,产生的易燃易爆组分通过电缆沟扩散,与空气混合形成爆炸性气体,遇电气火花发生爆炸。起火的间接原因是有关涉事企业安全主体责任不落实,在建设过程中存在未备案先建设问题;在事发区域多次发生电池组漏液、发热冒烟等问题,在未完全排除安全隐患的情况下继续运行设备;事发南北楼之间室外地下电缆沟两端未进行有效分隔、封堵,未按照场所实际风险制订事故应急处置预案。

据不完全统计,2021 年～2022 年 6 月,全球共发生 26 起储能电站火灾事故,见表 3.3。

表 3.3　2021 年～2022 年 6 月全球储能电站火灾案例

序号	事故时间	国家	案例
1	2022/6	法国	法国某电厂装有锂离子电池的储能集装箱发生火灾,大量浓烟在整个东部平原蔓延
2	2022/5	德国	德国卡尔夫区阿尔特施泰滕(Althengstett)某用户侧光伏储能系统发生爆炸
3	2022/4	美国	美国亚利桑那州盐河变电站内储能设施发生火灾,大火闷烧 5 天,并持续冒出白烟
4	2022/4	美国	美国加利福尼亚州泰拉根(Terra-Gen)公司电池储能项目发生小型火灾

序号	事故时间	国家	案例
5	2022/3	德国	德国南部某公寓楼发生爆炸，起因是安装在地下室内的电池储能系统因技术缺陷而爆炸，随后在地下室引发火灾
6	2022/3	中国	中国台湾省台中市龙井区龙港路工研院龙井储能场站发生意外失火
7	2022/2	美国	美国加利福尼亚州莫斯兰丁（Moss Landing）储能项目发生事故，这是该项目继2021年9月发生电池过热事故后，在不足半年时间里发生的第二起事故
8	2022/2	尼日利亚	尼日利亚阿布贾中央商业区的联邦财政部大楼地下室的电池逆变器发生火灾并引起爆炸
9	2022/2	中国	中国江西省某储能项目发生起火
10	2022/2	澳大利亚	澳大利亚阿德莱北部某车库的家用电池储能系统发生火灾
11	2022/1	中国	中国京港澳高速公路上一辆载满储能系统的货车突然起火
12	2022/1	中国	中国巴斯夫杉杉电池材料有限公司长沙基地某储能实验室发生火灾
13	2022/1	韩国	韩国正极材料制造商 Ecopro BM 公司发生火灾
14	2022/1	韩国	韩国庆尚北道军威郡牛宝郡新谷里太阳能电站发生火灾，起火设备为配套储能设施
15	2022/1	韩国	韩国蔚山南区 SK 能源公司电池储能大楼发生火灾
16	2021/9	美国	美国 Moss Landing 储能项目因电池发生故障而被迫暂停运行
17	2021/7	法国	法国某集装箱内 13t 锂离子电池完全着火，大火持续 4 天才被扑灭
18	2021/7	澳大利亚	特斯拉澳大利亚最大储能电站因液体冷却剂泄漏导致电池单元热失控发生火灾
19	2021/7	美国	美国伊利诺伊州格兰德里奇（Grand Ridge）储能项目的磷酸铁锂出现安全事故
20	2021/7	德国	德国诺伊哈登贝格机场储能项目的磷酸铁锂出现安全事故
21	2021/4	韩国	韩国某光伏储能系统起火
22	2021/4	中国	北京大红门储能电站发生火灾爆炸事故，造成直接财产损失 1660.81 万元
23	2021/3	美国	特斯拉加利福尼亚州费利蒙（Fremont）工厂发生火灾

3.2.4 氢能基础设施

我国氢能产业发展加快，产业规模不断增大，以清洁高效、可持续供应的氢为燃料的氢燃料电池汽车实现快速发展，加氢站等氢能基础设施的需求也将快速增长。发展氢能产业的基础和前提是确保氢能安全。氢气具有密度小、扩散系数大、点火能小、燃烧极限宽（体积分数为4%～75%）和燃烧时火焰速度快等特点，加氢站内存储的大量高压氢气若发生泄漏，极易形成大规模可燃气云，一经点燃便会引发剧烈的爆炸事故，对生命和财产安全构成严重威胁。近年来，加氢站安全事故频频发生，引起人们的极大关注。

1. 韩国加氢站事故

从 2008 年起，韩国政府开始实施低碳绿色增长战略，并在氢燃料电池汽车研发方面加大投资；2011 年，釜山地区第一座大型氢燃料电池发电站开始试运行；2018 年，现代汽车公司全球上市新一代氢燃料电池汽车 NEXO，续航里程超过 800km。

2019 年 5 月，位于韩国江原道江陵市的某储氢罐发生爆炸事故，导致 2 人死亡、6 人受伤。该事故为自 21 世纪以来全球发展氢燃料电池汽车进程中首次大规模爆炸事故，也是韩国首次发生的涉及氢燃料电池汽车的爆炸事故。

2. 美国加氢站事故

2018 年 2 月，美国某国际知名气体公司的一辆氢气长管拖车在制氢厂到加氢站的运输过程中发生起火，所幸并没有发生爆炸，事故原因是部分 52MPa 高压氢气瓶的压力释放装置（pressure relief device，PRD）设置压力错误。2019 年 6 月 1 日，美国加利福尼亚州圣克拉拉某化工厂因储氢罐泄漏导致爆炸，虽未造成人员伤亡，但导致当地氢燃料电池汽车氢供应中断。2020 年 4 月，美国北卡罗来纳州朗维尤某氢燃料工厂发生爆炸，直接导致附近 60 处房屋受损。

3. 挪威加氢站事故

2019 年 6 月 10 日，挪威首都奥斯陆郊外某合营加氢站发生爆炸，爆炸威力巨大，造成附近非燃料电池汽车安全气囊弹出，所幸该站是无人值守加氢站，并没有直接造成人员伤亡。爆炸原因是高压储氢罐端头部分的特殊结构安装失误，导致氢气泄漏，微小泄漏集聚以后导致压力上升，越泄越大，最后变成集聚快速泄漏，进而在相对堵塞的空间发生起火和爆炸。此次爆炸不可避免地给氢燃料电池汽车的未来发展蒙上一层阴影。爆炸发生后，Uno-X 宣布暂停当地加氢服务。

4. 国内加氢站事故

2020 年 1 月 14 日，珠海长炼石化设备有限公司催化重整装置预加氢进料/产物换热器 E202A-F 与预加氢产物/脱水塔进料换热器 E204AB 间的压力管道（250P2019CS-H）90°弯头处出现泄漏，引发爆燃，之后管道内漏出的易燃物料猛烈燃烧，引发二次爆燃，所幸并无人员伤亡。珠海长炼石化设备有限公司安全生产主体责任不落实也是造成此次事故的间接原因。2020 年 7 月 30 日，东莞巨正源科技有限公司的充装站在对两个长管拖车进行充装时，其中一个充装的软管破裂后没有按照规范安装防甩脱层，导致软管在剧烈的气流冲击下甩动，引起碰撞火花，进一步发生燃烧。事故原因可归结为四点：①工艺设计存在本质上的安全缺陷，没有按照规定在并联充装多台长管拖车的充装管道上设置止回阀；②没有安装应急气断阀；③没有安装防甩脱层；④安全生产制度落实不严格。2021 年 8 月 4 日，沈阳市经济技术开发区某企业的氢气罐车软管破裂导致爆燃，现场冒出大量浓烟。此次事故是长管拖车卸气软管断裂引发着火，进而导致轮胎燃烧并产生浓郁的黑烟，这与上述东莞化工企业氢气充装泄漏事故如出一辙。2021 年 12 月 13 日，安宁市草铺街道云南石化生产区渣油加氢装置处发生起火，事故造成 4 人轻微受伤。

　　纵观这几起涉氢事故，美国发生在氢气储运，挪威和中国发生在加氢站，基本涵盖了氢能全流程基础设施。据不完全统计，2011 年～2022 年 4 月涉氢事故中，生产环节为 7 起，储存环节为 12 起，运输环节为 14 起，使用环节为 21 起，共计54 起，如图 3.1 和表 3.4 所示。事故主要原因如下。

　　（1）设计与制造问题。未按照相关标准进行临氢设备的设计或制造。

　　（2）密封失效。阀门、法兰、垫片等位置的密封结构失效。

　　（3）设备失效。临氢设备或安全设施故障。

　　（4）操作失误或维护不当。人为失误或未按照相关规定进行设备维护。

　　（5）交通事故。专指氢气运输车辆事故。

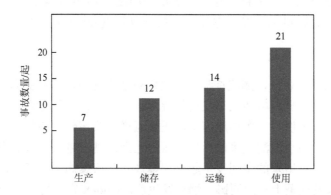

图 3.1　2011 年～2022 年 4 月涉氢事故分类统计

表 3.4　2011 年～2022 年 4 月涉氢事故简介

序号	事故时间	事故名称	事故简要介绍	事故环节
1	2022/4/24	齐鲁石化炼油厂因氢气泄漏引起着火	4 月 24 日 00:02，齐鲁分公司胜利炼油厂连续重整车间压缩机区域氢气泄漏着火，连续重整装置、加氢裂化装置紧急停工。00:20，切除氢气流程，进行保护性燃烧，01:20，火灾彻底扑灭，无人员伤亡	生产
2	2021/12/13	云南安宁石化生产区"12·13"起火事故	12 月 13 日，云南省安宁市草铺街道云南石化生产区渣油加氢装置处发生起火，4 人轻微受伤。事故原因主要是岗位人员操作失误导致联锁动作，造成止回阀失效，导致高压氢气窜入低压系统	生产

续表

序号	事故时间	事故名称	事故简要介绍	事故环节
3	2021/8/4	辽宁沈阳经济技术开发区某企业院内氢气罐燃烧事故	8月4日，辽宁省沈阳市经济技术开发区某企业院内氢气罐发生爆燃。现场冒起浓烟。事故原因主要是加氢站内卸车柱上的软管在日常使用中维护不到位导致破裂	使用
4	2020/7/30	"7·30"氢气充装泄漏起火事故	7月30日，东莞巨正源科技有限公司变压吸附制氢装置氢气装卸台一辆管束式集装箱在充装氢气过程中发生软管断裂，导致氢气泄漏，进而引发火灾，造成直接经济损失21760元，未造成人员伤亡	储存
5	2020/4/7	美国北卡罗来纳州朗维尤镇氢燃料工厂"4·7"爆炸事故	4月7日08:36，美国北卡罗来纳州朗维尤镇一家氢燃料工厂发生爆炸事故，造成周边多处住宅受损，但未造成人员伤亡	储存
6	2020/4/6	叙利亚巴尼亚斯炼油厂"4·6"火灾事故	4月6日，叙利亚巴尼亚斯炼油厂汽油精炼装置在检修时发生氢气泄漏着火事故，造成4人轻微受伤	使用
7	2020/2/20	英国达勒姆郡"2·20"氢气罐车泄漏事故	2月20日上午，英国达勒姆郡一辆氢气罐车发生氢气泄漏事故，导致A1（M）号高速公路关闭，引发严重交通堵塞	运输
8	2020/2/19	澳大利亚维多利亚州"2·19"吉隆炼油厂氢气泄漏事故	2月19日16:19，澳大利亚维多利亚州吉朗市Viva能源公司的吉隆炼油厂发生泄漏事故，现场发出轻微警报，没有人员伤亡	使用
9	2019/6/10	挪威奥斯陆"6·10"加氢站爆炸事故	6月10日，挪威奥斯陆郊外的一座合营加氢站发生爆炸，没有直接造成人员伤亡，但爆炸造成的巨大震动激活了车辆的安全气囊，造成附近一辆非燃料电池汽车的两名乘客受伤。事故的根本原因被确定为高压储氢罐中特定接头（aspecificplug）的装配错误，导致泄漏	储存
10	2019/6/1	美国加利福尼亚州圣克拉拉市化工厂"6·1"氢罐车爆炸事故	6月1日16:30，美国加利福尼亚州圣克拉拉市某化工厂发生爆炸火灾事故，未造成人员伤亡。该起事故是由储氢罐泄漏导致的，事故造成当地氢燃料电池汽车的氢供应中断	运输
11	2019/5/23	韩国江原道江陵市"5·23"储氢罐爆炸事故	5月23日夜间，韩国江原道江陵市的一个储氢罐在测试期间发生爆炸事故，导致2人当场死亡、6人不同程度受伤	储存
12	2019/2/18	中海油惠州石化有限公司"2·18"煤制氢装置过热炉闪爆事故	2月18日16:55，惠州市大亚湾的中海油惠州石化有限公司二期项目的Pox（煤制氢）装置751单元超高压蒸汽过热炉B炉在点炉过程中发生闪爆，造成1人死亡、1人受伤。事故发生前，作业人员未严格执行点火作业规程，未在炉膛上下对称4个点分别采样（仅选1个点采样，且位置在观火口）采样检测合格后未在半小时内点火，点火前未使用便携式可燃气体检测仪检测而直接进行点火操作，属于典型的违规操作	生产
13	2018/12/5	印度卡纳塔克邦班加罗尔印度科学研究所"12·5"氢气瓶爆炸事故	12月5日，印度卡纳塔克邦班加罗尔印度科学研究所航空航天实验室发生氢气瓶爆炸事故，造成1人死亡、3人受重伤	使用
14	2018/8/29	美国加利福尼亚州埃尔卡洪市"8·29"氢气罐车火灾事故	8月29日早上，美国加利福尼亚州埃尔卡洪市一辆氢气罐车泄漏氢气被点燃，发生闪火，导致当地进行预防性疏散。事故原因为故障导致的阀门泄漏	运输

续表

序号	事故时间	事故名称	事故简要介绍	事故环节
15	2018/7/4	美国路易斯安那州壳牌公司炼油厂"7·4"氢气管道火灾事故	7 月 4 日，美国路易斯安那州壳牌公司炼油厂的硫黄装置上，3 名工人在使用氢气管道时发生闪火，导致 2 名工人受伤	使用
16	2018/3/12	中石化九江分公司"3·12"加氢原料缓冲罐爆炸事故	3 月 12 日，中石化九江分公司 60 万 t/a 柴油加氢装置循环氢压缩机润滑油压力低报警。16:04，循环氢压缩机联锁停机，加氢反应进料泵联锁停泵。16:14，作业人员赶往加氢反应进料泵，试图关闭泵出口阀，加氢原料缓冲罐爆炸着火，造成 2 人死亡、1 人轻伤	使用
17	2018/2/11	美国加利福尼亚州钻石吧市氢气罐车泄漏事故	2 月 11 日，加利福尼亚州钻石吧市一辆氢气罐车发生氢气泄漏并起火，所幸无人员伤亡。事故原因是安全释放阀没有有效地连接到通风管，造成氢气高浓度泄漏	运输
18	2017/5/1	美国俄勒冈州威尔逊维尔镇"5·1"氢气发生炉爆炸事故	5 月 1 日，美国俄勒冈州威尔逊维尔镇一家制造企业（铸造与金属注模公司）的生产工艺用氢气发生炉发生爆炸。爆炸响声不大，但导致该企业进行人员疏散，无人受伤	使用
19	2016/12/17	美国华盛顿州卡默斯镇 WafterTech 公司"12·17"储氢罐火灾事故	12 月 17 日 13:45，美国华盛顿州卡默斯镇 WafterTech 公司一个近 3000gal（1gal＝3.78543L）储氢罐起火。消防员在该公司技术人员协助下动用了大直径强力喷水枪灭火冷却罐体，罐内氢气最终得以排空，形成一大片含氢气蒸汽云。幸运的是，这些易燃气体没有遇到点火源，也没有人受伤	储存
20	2016/10/25	挪威西海岸 Statoil 公司 Mongstad 炼油厂"10·25"氢气泄漏事故	10 月 25 日 13:15，挪威西海岸 Statoil 公司 Mongstad 炼油厂发生氢气泄漏，14:30，情况得到控制。该厂遵照安全规程，实施了应急响应预案，紧急疏散约 600 人，没有人受伤，事发装置紧急停产泄压	使用
21	2016/8/20	美国路易斯安那州博西尔教区 CalumetPrinceton 炼油厂"8·20"氢气管线爆炸事故	8 月 20 日大约 10 时，美国路易斯安那州博西尔教区 CalumetPrinceton 炼油厂一条高压氢气管线发生爆裂，引发爆炸起火。大火很快得到控制，没有人受伤。事故原因为设备问题。该厂被迫紧急停产并进行安全检查	运输
22	2016/7/16	俄罗斯乌法石油化工炼油厂"7·16"氢处理装置火灾事故	7 月 16 日大约 5:50，俄罗斯乌法石油化工炼油厂一套氢处理装置起火，造成 3 人死亡、2 人受伤，还有 3 人下落不明	使用
23	2016/6/23	美国俄亥俄州富尔顿县"6·23"氢气罐车火灾事故	6 月 23 日，美国俄亥俄州富尔顿县发生多车相撞起火事故，导致俄亥俄州收费公路封闭。事故原因为 3 辆半挂车发生轻微车祸，此后不久 1 辆半挂车撞上了另外 3 辆车，其中一辆氢气罐车装了 3000gal 液氢。事故造成半挂车驾驶员死亡、氢气罐车驾驶员受轻伤	运输
24	2016/5/3	广东深圳机荷高速"5·3"氢气罐车泄漏事故	5 月 3 日傍晚 5 时许，广东深圳机荷高速公路华南城路段一辆运输氢气的大货车侧翻，引发氢气泄漏，导致高速公路两侧车道封锁	运输
25	2016/1/20	山东青银高速高密南服务区"1·20"氢气罐车泄漏事故	1 月 20 日 13:30，山东青银高速公路高密南服务区一辆氢气罐车发生泄漏，18:20，险情排除，高速公路解除封闭，恢复畅通	运输
26	2015/12/29	印度阿萨姆邦古瓦哈提市"12·29"氢气瓶爆炸事故	12 月 29 日约 11 时，印度阿萨姆邦古瓦哈提市发生氢气瓶爆炸，造成 1 人死亡、2 人受伤	使用

续表

序号	事故时间	事故名称	事故简要介绍	事故环节
27	2015/9/28	湖北宜昌兴发工业园"9·28"氢气瓶火灾事故	9月28日10:12,湖北省宜昌市猇亭区兴发工业园长江加油站旁边氢气瓶泄漏燃烧。事故原因为氢气瓶泄漏引发上方电线着火,事故现场关阀断料	储存
28	2015/9/22	北京大学化学楼实验室"9·22"火灾事故	9月22日约19时,北京大学化学楼一实验室着火,事发后学生报警,所幸未造成人员受伤。着火原因为学生做实验时,火焰枪与氢气管连接处脱落,氢气喷出后被引燃,学生因紧张未及时扑灭,燃烧的氢气引燃旁边的垃圾桶,产生大量浓烟	使用
29	2015/7/29	印度恰尔康得邦SAIL钢铁厂"7·29"氢氧分离器爆炸事故	7月29日,印度恰尔康得邦Bokaro工业园区的SAIL钢铁厂中3号冷轧厂氢气发生装置的一台氢氧分离器发生爆炸,未报告有人员伤亡。事故原因为未安装调节氢气压力的安全阀,导致相关储氢罐和管道过压,引发爆炸	使用
30	2015/6/28	内蒙古九鼎化工有限责任公司"6·28"氢气泄漏爆炸事故	6月28日10:04,内蒙古鄂尔多斯市准格尔旗准格尔经济开发区九鼎化工有限责任公司发生一起氢气泄漏爆炸事故,造成正在附近施工的3名工人死亡、6人受伤。事故原因为净化车间换热器发生氢气泄漏,造成闪爆,引发小范围起火	使用
31	2015/3/13	美国密苏里大学动物学研究中心"3·13"储氢罐泄漏事故	3月13日上午,美国密苏里大学动物学研究中心发生氢气泄漏,建筑物内疏散人员,无人受伤。事故原因为员工在连接储氢罐时氢气泄漏	储存
32	2015/5/29	沙特阿拉伯Rabigh炼油石化公司"5/29"氢气发生炉泄漏事故	5月29日,沙特阿拉伯Rabigh炼油石化公司一套氢气发生装置故障,被迫紧急停产抢修,未造成人员伤亡	生产
33	2015/1/18	巴西萨尔瓦多市LandulphoAlves炼油厂"1·18"储氢罐爆炸事故	1月18日,巴西萨尔瓦多市郊外LandulphoAlves炼油厂储氢罐发生爆炸,造成3名工人重伤	生产
34	2014/11/2	南京六合化学工业园区"11·2"氢气泄漏事故	11月2日14时,南京市六合区化学工业园区发生氢气泄漏,没有造成人员伤亡。事故原因为氢气管道破损,导致氢气泄漏	运输
35	2014/10/24	颍上县鑫泰化工有限公司"10·24"合成塔管道氢气爆炸事故	10月24日11:50,颍上县鑫泰化工有限公司某合成塔高压管道发生爆炸,未直接造成人员伤亡,但间接导致1人受惊摔伤。发生爆炸的管道位置在氨合成塔上方,是进气管道,里面为氮气和氢气构成的混合气体。由于管道位置较高,内压较大,声响较大	使用
36	2014/9/19	日本横滨JX日矿日石能源公司炼油厂"9·19"氢气泄漏事故	9月19日10:20,日本横滨市滨海地区的JX日矿日石能源公司炼油厂发生氢气泄漏,未造成人员伤亡。事故原因为装置故障	使用
37	2014/9/10	辽宁葫芦岛102国道"9·10"氢气罐车泄漏事故	9月10日,辽宁省葫芦岛市102国道高桥镇朱家洼路段一辆装有6个氢气罐的氢气罐车与一辆农用车发生碰撞,罐车侧翻在加油站旁边的路边沟里。事故罐车以燃气为动力装置,车内还有100余千克的液化气,事故未造成人员伤亡	运输

续表

序号	事故时间	事故名称	事故简要介绍	事故环节
38	2014/8/18	芬兰 Neste 石油公司 Porvoo 炼油厂"8·18"氢气发生装置事故	8 月 18 日，芬兰 Neste 石油公司 Porvoo 炼油厂的两套氢气发生装置中的一套装置损坏并修复，导致该炼油厂被迫减产运行数周	生产
39	2014/8/12	波兰 ZAK 公司"8·12"氢气管道爆炸事故	8 月 12 日大约 15 时，ZAK 公司在波兰斯塔拉乔维切经济特区尿素生产能力约 120 万 t/a 的化肥厂的一套合成氨装置因管道泄漏，引发氢气爆炸，造成 8 人受轻伤，导致该装置停产，羰基合成醇装置和尿素装置也被迫停产	运输
40	2014/7/4	以色列哈代拉市气球仓库"7·4"氢气瓶爆炸事故	7 月 4 日晨，以色列中北部哈代拉市一个气球仓库发生气瓶爆炸，引发大火，造成 2 名仓库管理员受伤，其中 1 人受重伤	储存
41	2014/6/6	科索沃首府普里什蒂纳电厂"6·6"储氢罐爆炸事故	6 月 6 日，科索沃首府普里什蒂纳郊外一家电厂的电解装置的储氢罐发生爆炸，造成 4 人死亡、12 人受伤。爆炸导致 2 台发电机关闭，科索沃不得不从邻国进口 25 万 kW·h 电力。事故可能原因为电解装置氢气泄漏	使用
42	2014/5/18	黑龙江黑化集团有限公司尿素厂"5·18"脱碳塔火灾事故	5 月 18 日约 23:15，黑龙江省齐齐哈尔市富拉尔基区的黑龙江黑化集团有限公司尿素厂净化车间发生爆炸。事故原因为净化脱碳系统气体换热器氮/氢气泄漏，遇静电空间爆鸣，致使脱碳塔保温材料着火。事故没有造成人员伤亡	使用
43	2014/5/8	美国加利福尼亚州威尔明顿镇氢气生产厂"5·8"火灾事故	5 月 8 日，美国加利福尼亚州威尔明顿某氢气生产厂的一台涡轮机起火，火灾持续近 1h，其停产影响了原油日加工能力合计 32.08 万桶的当地三家炼油厂生产	生产
44	2014/4/6	印度哈里亚纳邦古尔冈市 Frigoglass 公司"4/6"氢气瓶爆炸事故	4 月 6 日，印度哈里亚纳邦古尔冈市一家为全球饮料公司服务的玻璃制品企业（Frigoglass 公司）发生氢气瓶爆炸，造成 6 人（包括消防员）受伤。爆炸引发的大火持续燃烧超过 6h，该厂 60% 以上区域受到了火灾影响，厂房屋顶也被烧塌	储存
45	2014/4/4	四川成都新都区"4·4"氢气罐车泄漏事故	4 月 4 日 9 时左右，四川省成都市新都区一辆载有大量氢气的卡车在行驶过程中发生泄漏。9:28，维修人员将泄漏点堵住，险情被排除，事故未造成人员伤亡	运输
46	2014/3/5	台湾省台塑石化公司"3·5"氢化脱硫装置火灾事故	3 月 5 日，台湾省台塑石化公司麦寮石化基地第 2 炼油厂 2 号残余油氢化脱硫装置因流量计法兰盘泄漏氢气和蒸汽而起火，大火持续燃烧 20min，造成 2 人受伤	使用
47	2014/2/1	美国得克萨斯州壳牌 DeerPark 炼油厂"2·1"氢气管道泄漏事故	2 月 1 日，美国得克萨斯州壳牌公司原油日加工能力为 32.7 万桶的 DeerPark 炼油厂的一套装置发生氢气泄漏。事故原因为装置的一段直径为 12in（1in＝2.54cm）管道出现小孔	使用
48	2013/12/18	美国纽约 AirGas 公司"12·18"储氢罐泄漏事故	12 月 18 日凌晨，美国纽约埃尔迈拉市沙利文街 AirGas 公司的工厂发生氢气泄漏事故，导致周边道路封闭、附近人员疏散。事故原因为 O 形圈损坏，导致储氢罐阀门泄漏氢气	储存
49	2013/7/17	美国西弗吉尼亚州 AirGas 公司"7·17"氢气火灾事故	7 月 17 日约 10:30，美国西弗吉尼亚州查尔斯顿市郊一家特殊气体储运企业（AirGas 公司）氢气起火，无人受伤	储存

续表

序号	事故时间	事故名称	事故简要介绍	事故环节
50	2013/6/18	浙江义乌金义东线"6·18"氢气瓶泄漏事故	6月18日约17时,一辆装运11组176支氢气瓶的货车在浙江省义乌市金义东线塘下洋村路段翻下10m高的路基,导致所有氢气瓶倾泻而出,破裂泄漏,驾驶员受伤	运输
51	2013/4/28	江苏苏州三香路"4·28"氢气瓶爆炸事故	4月28日9:20,一辆装载氢气瓶的面包车在苏州市三香路疾控中心门口起火,车上氢气瓶爆燃,导致驾驶员和2名路人受伤	运输
52	2013/3/21	西班牙Ercros公司"3·21"氢气装置火灾事故	3月21日1:23,西班牙韦斯卡省萨维尼亚尼戈市一家氯酸钠厂(Ercros公司)的氢气净化反应器起火,影响了该厂两条氢气输送管道。事故发生后,该厂的安全装置阻止了火焰蔓延到其他氢气管网	使用
53	2013/2/5	孟加拉国KarnaphuliPaperMills公司化工厂"2·5"储氢罐爆炸事故	2月5日,孟加拉国兰加马蒂地区的KarnaphuliPaperMills公司化工厂的一个储氢罐在焊接动火期间发生爆炸,造成2人死亡、1人受伤	储存
54	2011/11/25	英国Catalloy公司"11·25"反应器氢气爆炸事故	11月25日,英国生产制药工业和石化工业用金属催化剂的Catalloy公司一台刚换过密封圈的反应器在恢复生产第一天发生氢气爆炸,造成反应器顶盖和其他设备被炸飞,穿过厂房波纹板屋顶,在相邻的停车场落地,1名工人受轻伤。事故原因为新换的密封圈没有考虑生产过程存在设备内压力增大的风险	使用

3.3　典型新能源应用基础设施风险量化评估技术

3.3.1　氢能基础设施风险量化评估技术

风险量化评估技术分为半定量风险评估技术与定量风险评估技术。其中,半定量风险评估技术主要采用"危险与可操作性分析(hazard and operability analysis,HAZOP)+保护层分析(layers of protection analysis,LOPA)+风险矩阵"复合式风险评估方法,实现对基础设施工艺危险识别及半定量表征;定量风险评估技术包括基于风险的风险量化评估技术与基于后果的风险量化评估技术。

1. 半定量风险评估技术

"HAZOP+LOPA+风险矩阵"复合式风险评估方法对装置/系统危险与可操作性进行评估,并结合安全风险矩阵,对可能导致的事故场景的后果严重性及发生的可能性进行评估,在此基础上提出降低风险的措施。"HAZOP+LOPA+风险矩阵"复合式风险评估流程见图3.2。

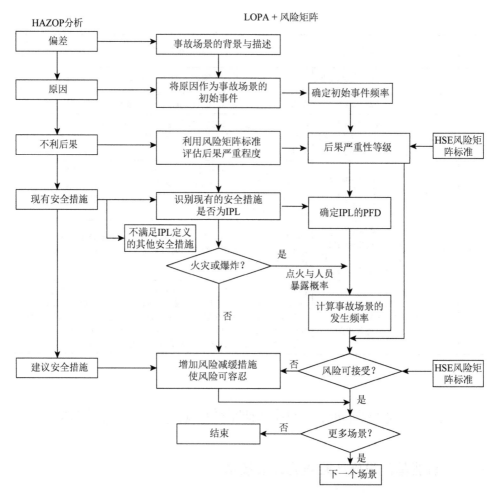

图 3.2　　"HAZOP + LOPA + 风险矩阵"复合式风险评估流程

IPL 指独立保护层（independent protection layer）；PFD 指要求时失效概率（probability of failure on demand）；
HSE 指健康（health）、安全（safety）、环境（environment）

　　首先，采用 HAZOP 分析方法，基于工艺设计意图，给定工程设计与工艺要求的偏差，分析造成偏差的原因、偏差产生的后果、现有的安全措施，并确认工艺管道和仪表流程图（Piping and Instrument Diagram，P&ID）中涉及的生产和操作维修方面的安全隐患，将 HAZOP 分析的结果作为 LOPA 的输入，将造成偏差的原因及后果作为事故场景链条进行事故场景假设，据此作为 LOPA 分析的事故场景。然后，根据初始事件的发生频率和事故场景中各种有效的 IPL 的 PFD 计算事故场景的发生频率。最后，根据事故场景后果的严重性等级和事故场景发生频率，利用风险矩阵评估事故场景的风险等级，并判断事故场景的风险是否可接受。在此基础上，根据风险的大小和安全隐患，提出针对性的建议措施。

2. 定量风险评估技术

定量风险评估技术较复杂，不仅要对事故的原因、场景等进行定性分析，而且要对事故发生的频率和后果进行定量计算，并将量化的风险指标与可接受标准进行对比，提出降低或减缓风险的措施。定量风险评估流程如图 3.3 所示。

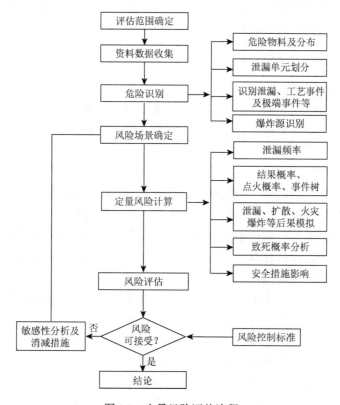

图 3.3　定量风险评估流程

完整的定量风险评估需要对所有场景或者大部分可信场景进行概率分析及后果分析，基于后果及概率叠加得到风险。

采用工程化计算工具（如 DNV Phast Risk）可以相对快速地得到风险结果，但无法精确反映出复杂设备布置带来的阻塞度及保护措施对事故后果的影响。

采用基于计算流体力学（computational fluid dynamics，CFD）的计算工具（如 ANSYS Fluent、FLACS、KFX）可以较为准确地量化各种事故场景，同时可以更好地反馈保护措施（如抗爆墙）对后果的消减作用，但是需要消耗更多的计算资源和时间。

此外，还可以将最大可信场景或者涵盖事故发生概率 90% 的场景作为典型代表，计算获得事故后果，基于这一事故后果确定相应的影响范围或者安全距离，可以有效缩短计算时间。

3.3.2　储能基础设施风险量化评估技术

目前在电化学储能技术中，锂离子电池占据主导地位。锂离子电池装机规模占全球电化学储能装机规模的 92%。

1. 锂离子电池安全评估指标体系

1）电池种类安全评估指标

锂元素具有极活泼的化学性质，因此是一种具有潜在危险的化学电源。在储能系统中，可采用能量密度、比热容、循环寿命、成本等作为锂离子电池种类安全评估指标。

2）电池厂家评估指标

厂家的电池工艺水平、制造技术、企业发展状况各不相同，电池制造过程中电池本身的材质选取、工艺制作等方面不同，这些都会给电池本体带来一定的安全隐患。为区分不同厂家的电池安全性能，结合锂离子电池的实际情况，建立电池厂家生产电池的评估标准，可分为电池厂家的生产技术、安全风险、生产环保性、企业信用、生产规范性五个方面。

（1）生产技术。厂家生产技术的优劣决定了其是否具有先进的锂离子电池生产技术。良好的生产技术可确保生产的电池安全系数更高、性能更优良。

（2）安全风险。近 3 年（成立不足 3 年的厂家按自成立以来）有无较大及以上安全、环保、质量等事故。若安全风险较多，则可认为其产品安全隐患较多。

（3）生产环保性。厂家原材料和污染防治措施是否与国家和行业颁布的产业政策、清洁生产标准和环保政策一致，是否符合国家循环经济和节能减排要求。

（4）企业信用。厂家是否具有良好的信用，近 3 年（成立不足 3 年的厂家按自成立以来）是否有违法、经营异常和行政处罚记录。若厂家经营过程中信用不佳，可认为其生产的电池无安全保证，可能出现安全性能较差的电池产品。

（5）生产规范性。厂家在建设和生产过程中是否遵守有关法律、法规、政策和标准。遵守法律、法规、政策和标准可保证生产的电池安全性能统一。

3）电池一致性数据评估指标

电池一致性对储能系统的安全性能至关重要。若电池模组之间存在细小的误差，在储能系统长时间使用过程中，其误差会加大，影响电池使用性能，严重时甚至会触发电池不一致性，引发安全问题。因此，锂离子电池使用前需对电池模组误差进行处理，为储能系统安全运行提供合理的数据支持。电池一致性评估通常选取电压、容量、自放电性能和内阻等指标。

2. 综合评估方法

1）层次分析法

层次分析法将一个难以量化的问题看作一个整体决策系统，将该系统的各种指标划分为决策层、准则层、方案层，并对各层元素对决策层的影响作用进行两两比较，形成判断矩阵（即准则层对决策层的影响作用及方案层对准则层要素的影响作用），通过多重判断矩阵确定影响因素的总排序，简化复杂问题并做出正确的决策。

2）熵权-逼近理想解（technique for order preference by similarity to an ideal solution，TOPSIS）法

熵是热力学中的一个概念，它体现系统的无序性。建立熵权-TOPSIS 评估模型，利用熵反映指标权重，为安全评估提供依据，所得权重较为客观，不受主观因素影响。熵权-TOPSIS 法可确定容量极差、内阻、容量保持率、开路电压权重。锂离子电池安全使用熵权-TOPSIS 法评估流程见图 3.4。

图 3.4　锂离子电池安全使用熵权-TOPSIS 法评估流程

3）综合评估法

对电池一致性数据评估指标进行预处理后，应用层次分析法及熵权-TOPSIS 法分别对电池厂家、电池种类、电池一致性三个方面进行安全性评估，其评估流程如图 3.5 所示。

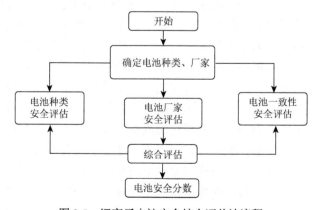

图 3.5　锂离子电池安全综合评估法流程

第4章 我国新能源应用基础设施安全风险 防控现状及存在的问题

4.1 我国充电站安全风险防控现状及存在的问题

4.1.1 防控现状

近年来,电动汽车火灾事故频出,火灾车辆几乎涉及所有的新能源汽车品牌。据不完全统计,2019 年电动汽车火灾事故共 560 余起,2020 年电动汽车火灾事故共 1000 余起,2021 年电动汽车火灾事故共 3000 余起,2022 年第一季度电动汽车火灾事故共 640 余起。电动汽车充电过程中着火事故占电动汽车着火事故的比例约 35%,其中,动力电池热失控依然是着火事故的主要原因。社会各界对充电站安全风险防控极为关注,正在开展各层次的研究论证工作。各充电运营商在技术、标准、防护措施等方面开展工作,保障了充电设施安全稳定运行;行业监管机构在政策、监管措施等方面开展工作,取得了不错的工作成效。

在技术方面,各运营商在电动汽车原有电池管理系统的基础上,根据充电过程数据建立充电设备级、平台级安全防护技术体系。国家电网持续开展电动汽车充放电故障智能诊断、安全预警等相关技术研究,主要研究了面向服务全流程的充放电实时安全数据监测及挖掘技术、电动汽车充放电故障智能诊断与安全预警技术、满足充放电安全需求的互动化运维服务体系,开发了充放电故障智能诊断与安全预警系统。特来电新能源股份有限公司开发了新能源汽车充电网两层安全防护技术,建立了充电网大数据的 19 个安全模型,在国际上首次提出并实现了充电网对动力电池的冗余安全防护,防护范围在空间轴扩展到充电侧、能源侧、用户侧,在时间轴实现了向电池全生命周期的扩展,构建了多角度、多维度、系统化的电动汽车充电安全模型,并进行云端大数据的学习和进化,使充电过程及汽车安全隐患做到可监视、可预警、可控制、可追溯。北京理工新源信息科技有限公司是国内车联网大数据平台建设和数据智能决策服务商,以"新能源汽车 + 互联网 + 大数据"为核心业务,开发新能源汽车多源大数据汇聚与服务平台,构建新能源汽车数字经济生态,基于"车-桩"运行数据,构建车载动力电池状态评估模型与故障特征知识库,实现车辆充电安全风险状态的准确识别;根据风险状态等级智能优化充电策略,提高充电运营商主动安全管控能力。中国电力科学研究院、应急管理部上海消防研究所、应急管理部天津消防研究所、中国汽车技术研究中心、清华大学、郑州大学、中山大学等在动力电池结构安全、电池管理系统防护性能、车辆工程安全、电动汽车消防设计、燃爆事故模拟等方面开展了研究工作。

　　在标准方面，我国建立了比较完善的电动汽车充电设施标准体系，涵盖充电设备制造、检验检测、规划建设和运营管理等流程，主要解决电动汽车使用过程中的充电安全、互联互通、设备质量、设施规划布局、计量计费等关键问题。标准体系划分为基础标准、电能补给标准、建设与运行标准、服务网络标准等4个部分，主要包括传导充电、无线充电、电池更换等3个充电技术路线，涉及术语、传导充电系统与设备标准、无线充电系统与设备标准、动力电池箱标准、计量、服务网络等21个专业领域标准。规划标准158项，其中，规划国家标准59项，规划行业标准59项，规划团体标准40项。自2015年以来，电动汽车标准不断发布、更新，其中，《电动汽车传导充电系统　第1部分：通用要求》（GB/T 18487.1—2023）、《非车载传导式充电机与电动汽车之间的数字通信协议》（GB/T 27930—2023）、《电动汽车传导充电用连接装置　第1部分：通用要求》（GB/T 20234.1—2023）是电动汽车安全可靠充电的压舱石级标准，规定了充电互操作、通信一致性、电气性能、安全防护、环境防护、电磁兼容、充电接口等项目。另有《电动汽车供电设备安全要求》（GB 39752—2024）、《电动汽车充电设施故障分类及代码》（NB/T 10905—2021）、《电动汽车充电设备现场检验技术规范》（NB/T 10901—2021）、《电动汽车运行过程电池系统安全风险监测及故障预警规范》（T/CSAE 255—2022）分别从安全风险防控角度提出了技术、故障识别、验证手段等安全要求。

　　在政策方面，国家各部委、各省区市一直支撑新能源汽车发展，发布诸多政策文件。2012年以来，我国各部委积极出台相关政策促进充电桩在各领域的建设，促进充电桩行业的发展。政策的支持与引导能够很大程度上提高充电桩的建设进程和运营效率。截至2021年底，发布国家级政策文件20余份。2020年10月20日，国务院办公厅印发《新能源汽车产业发展规划（2021—2035年）》，其中要求提升充电基础设施服务水平，加强充电设备与配电系统安全监测预警等技术研发，提高充电设施安全性、一致性、可靠性，完善充电设施保险制度。2022年1月10日，国家发展改革委、国家能源局等多部门又联合印发了《国家发展改革委等部门关于进一步提升电动汽车充电基础设施服务保障能力的实施意见》（发改能源规〔2022〕53号）。2022年3月29日，工业和信息化部办公厅、公安部办公厅、交通运输部办公厅、应急管理部办公厅和国家市场监督管理总局办公厅印发了《关于进一步加强新能源汽车企业安全体系建设的指导意见》（工信厅联通装〔2022〕10号）。诸多政策对于指导"十四五"时期充电基础设施发展具有重要意义，在充电设备运维管理、提升服务体验等方面提出了优化措施。要求充电运营企业加强运维，提升设备可用率和故障处理能力；提出建立健全行业监管，要求落实各方安全责任，严格充电桩建设各环节安全把关；建立火灾事故调查处理、溯源机制，鼓励相关安全责任保险推广应用；通过国家、省、市三级充电设施服务平台加强监管。工业和信息化部联合相关部门建立跨部门信息共享机制，定期汇总起火及重大事故信息，加快建立车辆事故报告制度，对于隐瞒事故信息、不配合调查的，视情节轻重暂停或取消涉事车型补贴资格。

在其他方面，中小运营商根据当地社会面公布的电动汽车充电着火车型信息，划分高充电风险车型，通过降低充电功率、提高充电价格、禁止充电等措施降低充电基础设施运行安全风险。

4.1.2 存在的问题

1. 技术问题

在充电设备层面，中国充电设施标准体系相对完善，基本能够满足当前充电设备安全平稳运行要求，可进一步结合充电行业风险态势补充完善。在运营过程中，应在充电设备的标准符合性方面加强投入，做好检测验证、周期检测，保证充电设施性能指标满足标准要求。

在充电站层面，充电站设计建造初期对电动汽车火灾问题，以及消防给水、排烟、救援通道、防火间隔等方面考虑不足。未来应在保证提供优质充电服务的基础上，增强对充电站内电动汽车火灾事故的感知能力、处置能力，建设防火间隔及疏散救援通道。

在充电系统层面，充电站电动汽车着火后事故范围极易扩大，导致的财产损失、社会舆情将影响充电行业发展，阻碍充电技术进步。因此，应从建站规划选址、设计建造、运行管理、防灾减灾、事故救援、标准体系等方面系统性思考充电站安全防控问题。另外，在充电运营信息系统功能方面，大多数充电运营商对充电站火灾事故监测预警功能考虑不足、能力不足，没有应用遥测数据、云端大数据等信息化手段提高充电站的风险防控能力。

在社会环境层面，存在一定程度劣币驱逐良币的现象，个别运营商、制造商过度追求低成本，对充电设备内部元器件简配、低配，降低充电站建设标准、不规范建设，开发的充电运营系统功能简陋，等等。仅能满足充上电，不能保证充好电，安全充电。消费者不具备鉴别电动汽车和充电设施安全性能的能力，大部分趋低价而充。这些社会环境问题无形中导致充电安全防控风险提升。

2. 监管问题

（1）政府。充电桩的建设和运营受到能源、城建、消防、物业等多个政府与社会职能部门的管理，但各类监管政策实施主体不同，多部门管理造成牵头协调机制复杂，应明确、简化监管实施过程，减轻企业负担。

（2）行业。纵观诸多政策，早期政策导向集中于电动汽车高能量密度、高续航里程，消除了电动汽车续航里程短板，促进了电动汽车推广。在政策加持之下，各车企研发路线趋于激进，导致安全性与续航里程失衡。不断发生的电动汽车动力电池自燃事故引发了整个行业的反思，导致电动汽车补贴政策思路发生了变化，主要是不再干涉各车企技术方向，技术指标上限不做调整，稳定政策预期。

3. 充电基础设施对电网的影响分析

电动汽车充电对电网的影响因素主要是电动汽车的普及程度、电动汽车的类型、电动汽车的充电时间、电动汽车的充电方式及电动汽车的充电特性。当电动汽车接入电网的方式仅限于通过充电基础设施时，电动汽车对电网的影响就笼统地反映在充电基础设施对电网的影响。充电基础设施对电网的影响涉及对整体电网的影响、对配电网的影响、对供电服务的影响三个方面。

1）对整体电网的影响

从不同类型的充电基础设施用电特性来看，公共充电设施的用电行为较为分散，没有明显的峰谷差别；专用充电设施的用电行为相对集中，峰谷差别更为明显。综合来看，在无序充电前提下，充电基础设施负荷最大的时刻是傍晚时分，届时大量私家车主回到居住地，开始使用私人充电桩为私家车充电。

2020年和2030年，在无序充电情形下，国家电网经营区域峰值负荷增加1361万kW和1.53亿kW，相当于当年区域峰值负荷的1.6%和13.1%，其中分设施来看，分散式专用充电桩占比最大，约68%和75%。

2）对配电网的影响

电动汽车充电不仅会影响配电网的负荷平衡，而且会给配电网带来其他问题。电动汽车的聚集性充电可能导致局部地区的负荷紧张，电动汽车充电时间的叠加或负荷高峰时段的充电行为将会加重配电网负担。

3）对供电服务的影响

由于已有公共配电网和用户侧配电设施都没有考虑充电需求，部分发展较快地区的充电设施建设会产生局部配网增容改造的需求，用户与电网的产权分界点不同，带来的影响也有所不同。

充电网络充放电为大功率、非线性负荷，工作时既需要电网提供稳定可靠的大电流供电，又会产生很高的谐波电流和冲击电压，若不采取相对应的措施，可能给供电质量带来谐波污染、降低功率因数及系统电压波动三个方面的影响。

由于各类充电设施布局十分分散，而且很多直接布置在380V和220V的低压侧，这增加了未来配电网开展电能质量监测和治理的难度。此外，随着车辆增多，部分不合理的接线也可能增加各级配电网保护动作跳闸的风险，带来较大的用电安全隐患，对配网侧的用电安全管理提出了较大挑战。

"车-桩-网"互动对配电网负荷特性、需求侧资源发展、电网规划建设、电网调度运行和供电服务具有重要影响。"车-桩-网"互动对负荷特性有明显影响，可以显著降低对电网最大负荷的影响。"车-桩-网"互动促进需求侧资源的协调运行，最大程度消纳新能源。"车-桩-网"互动降低配电网建设改造成本。"车-桩-网"互动增强了电网灵活性调节能力。"车-桩-网"互动模式能够提高配电网的管理效率，丰富电网的服务模式。

4.2　我国储能电站安全风险防控现状及存在的问题

4.2.1　防控现状

1. 我国储能安全监管政策

1）国家层面

2021 年以来，国家发展改革委、国家能源局、应急管理部、工业和信息化部等多个部委相继发布关于储能安全的管理文件，从安全管理、检测认证、风险隐患整治、消防管理等多个方面提出明确要求。

在安全管理方面，2021 年 8 月，国家发展改革委、国家能源局编制《电化学储能电站安全管理暂行办法（征求意见稿）》，明确储能电站各相关方在项目准入、产品制造与质量、并网及调度、运行维护、退役管理、应急管理与事故处置等环节的安全管理职责，并规定了罚则。该文件规定住房和城乡建设主管部门应加强用户侧储能电站运行维护安全管理。2022 年 4 月，国家能源局综合司印发《国家能源局综合司关于加强电化学储能电站安全管理的通知》，要求高度重视电化学储能电站安全管理，落实主体责任，严格电化学储能电站并网验收。

在检测认证方面，2021 年 9 月，国家能源局发布《新型储能项目管理规范（暂行）》，指出新型储能项目的储能设备和涉网设备必须具备准入资格，关键环节的质量安全必须牢牢掌控。该文件要求新型储能项目主要设备应满足相关标准规范要求，通过具有相应资质机构的检测认证，涉网设备应符合电网安全运行相关技术要求。

在风险隐患整治方面，2021 年 11 月，国务院安全生产委员会办公室印发《电化学储能电站安全风险隐患专项整治工作方案》，要求设区的市、县级安全生产委员会组织协调发展改革、工业和信息化、市场监督管理、能源主管、消防救援等部门（机构），按照职责分工组织对已建成和在建电化学储能电站开展检查评估，督促责任企业单位落实整改责任，坚决遏制安全事故发生，确保电化学储能产业高质量安全发展。

在消防管理方面，2021年5月，国家消防救援局印发《电化学储能电站火灾扑救要点（试行）》。

2）地方层面

目前多个省区市在发布的储能规划、建设、管理等相关文件中均有涉及储能安全的要求。例如，2021年8月江苏省人民政府办公厅发布的《江苏省"十四五"社会消防救援事业发展规划》中指出应加强电化学储能等新能源应用基础设施安全防范和应急处置能力建设，建立早发现、早预警、早防范机制；2021年11月浙江省发展和改革委员会和浙江省能源局印发的《省发展改革委 省能源局关于浙江省加快新型储能示范应用的实施意见》中要求加强安全风险防范，联合相关部门明确新型储能产业链各环节安全责任主体，强化消防安全管理，有效提升安全运行水平。

3）国家电网层面

2019年2月，国家电网发布了《国家电网有限公司关于促进电化学储能健康有序发展的指导意见》，要求严守储能安全红线，高度重视储能应用的安全风险，明确安全责任主体，细分安全责任界面，建立健全储能安全管理制度体系。2021年底，国家电网发布了《关于支持服务新型储能发展的实施意见（征求意见稿）》，发布之日起《国家电网有限公司关于促进电化学储能健康有序发展的指导意见》同时废止。该文件规定要建立健全储能项目投资建设管理体系，严格履行规划、可研、备案等前期程序，深入开展安全论证，严格落实管业务必须管安全的要求，强化储能全过程安全管理，加强储能产品认证能力建设，重点提升以系统整机为对象的检测能力，推动建立国家级储能安全和质量检测认证机构。

2. 我国储能安全标准

2014年5月，国家标准化管理委员会批复成立全国电力储能标准化技术委员会（SAC/TC 550，以下简称储能标委会），对口IEC/TC 120（储能系统）。储能标委会从成立之日起至今，在中国电力企业联合会的领导下，一直致力于储能标准体系建设，组织国内相关单位制定/修订储能标准。

目前，储能标委会已经陆续组织、编制和发布了多项电力储能相关的国家标准、行业标准和团体标准，建立了涵盖储能电站设计、设备设施、运行维护、检修试验、安全环保在内的储能标准体系，涉及储能关键设备的安全检测、储能电站运行维护管理、储能电站安全要求等。

在储能关键设备方面，我国已经陆续制定了电力储能用锂离子电池、铅炭电池、液流电池、电池管理系统、储能变流器等储能关键设备的标准和技术规范，在安全性要求及检测方法等方面都有明确的规定。例如,《电力储能用锂离子电池》(GB/T 36276—2023)提出了储能锂离子电池安全技术要求及试验方法,要求电池在各类滥用试验下不起火、不爆炸。

在储能电站运行及维护方面,《储能电站运行维护规程》(GB/T 40090—2021)、《分布式电化学储能系统运行维护规程》(T/CEC 252—2019)详细规定了电化学储能电站、分布式储能电站的监视、运行控制、巡视检查、维护、异常运行及故障处理等相关要求。

在储能电站并网管理方面,目前储能接入电网的要求依据《电化学储能电站接入电网技术规定》(GB/T 36547—2024)和《电化学储能电站接入电网测试规程》(GB/T 36548—2024),这两项标准分别规定了电化学储能电站接入电网的电能质量、功率控制、电网适应性、保护与安全自动装置等技术要求,以及电化学储能电站接入电网的测试条件、测试设备、测试项目及方法等。

在储能电站安全管理方面,《电化学储能电站安全规程》(T/CEC 675—2022)规定了电化学储能电站设备设施、运行维护、检修试验的安全要求,适用于含锂离子电池、铅酸(炭)电池、液流电池、电解水制氢/燃料电池的电化学储能电站。

4.2.2 存在的问题

1. 技术问题

储能电站中含有大量储能设备及其他电力设备、辅助设施,其中,储能设备包括多种类型的储能电池、电池管理系统、储能变流器等。这些储能设备的异常运行状态和故障都可能引发连锁反应,造成储能电站的安全事故。储能设备的安全技术要求是储能设备安全稳定运行的重要保障,对于确保储能电站整体安全、防止发生重大安全事故具有重要的作用。

国内外储能电站火灾事故暴露出目前在电化学储能电站的安全管理、安全保障方面普遍存在不足。用户侧储能不仅存在这些问题,人员操作及管理问题、规划设计选址问题等更为严重。

从影响对象来看,用户侧储能安全风险主要分为两类:一类是用户侧储能项目本身出现故障、异常情况导致用户侧储能项目起火、爆炸,使得用户侧储能项目所在的区域发生火灾事故;另一类是储能项目由于大量接入,以及某些故障问题影响了储能项目接入的配电网,可能对电力系统安全稳定运行产生干扰。

储能电站安全问题不仅是电池本身的安全问题,而且涉及储能系统设计研发、设备选型、生产制造、电站设计、施工、验收、运维、退役回收等各环节,任何一个环节的疏忽都可能酿成大的安全事故。具体安全风险分析如下。

（1）储能主要部件和设备安全质量不过关。储能电池由于质量问题在正常运行状态下可能发生内阻、电压、温度异常等情况，在滥用条件下可能发生起火燃烧。如果没有严格按照相关标准对储能电池提出门槛性的安全性能要求，出现电池选型不当或质量把关不严等情况，电池的基本安全性将无法确认和保障，在一般滥用条件下极易发生突发热失控的情况。除储能电池外，电池管理系统、储能变流器及其他电气设备等出现故障、失效等情况，也会诱发安全问题。

（2）安全技术不成熟。各厂家电池质量良莠不齐，部分储能电池执行电动汽车电池标准，针对规模应用的储能电池单体、模组缺乏系统性安全设计，个别新型高安全储能器件技术尚不成熟。普遍缺乏可燃气体探测装置，无法提前探测电池热失控状态。常规烟感、温感探测器难以有效识别电池早期异常状态，预警相对滞后。不同规模和类型的储能电站固定灭火系统配置标准不明确，微型储能电站尚无明确有效的消防设施配置标准，现有七氟丙烷等气体灭火系统可快速扑灭明火，但缺乏降温能力，难以抑制电池火灾复燃。

（3）储能安全防护措施不足。储能电池出现故障发生热失控后，如果储能系统缺乏防护措施，就可能产生储能电池的热失控连锁反应，使事故扩大，引燃周边设施和建筑；若储能系统布置在封闭性环境内，当可燃气体达到一定浓度时，遇明火可能发生爆炸事故，例如，美国亚利桑那州储能火灾事故、北京"4·16"光储充项目安全事故都发生了爆炸，现场处置人员的安全防护措施准备不足，且缺乏对储能火灾危险的充分认识，导致人员伤亡。

（4）人员现场操作和管理制度问题。储能系统属于高电压、高能量的带电系统，调试运行现场有很多线路，如果操作失误或者现场处置不当，很容易出现安全问题。目前已有的标准已基本覆盖储能的各环节，不按照标准执行、现场作业不规范操作、管理制度不健全、监管缺失等都可能导致严重的后果。

（5）标准规范不完善。截至2020年，电化学储能标准体系共包含标准及计划149项，其中，国家标准22项，行业标准68项，团体标准59项。在设备及试验、规划设计、并网调度、运行维护等方面已具备核心标准，但在施工、调试、验收、消防、检修等方面标准尚不完善。现有部分标准发布时间较早，无法满足储能行业快速发展的需要。

（6）消防问题解决难。消防验收难度大，各地住建、消防部门大多认为电池预制舱为电气设备，拒绝接受小型储能电站消防工作图纸审核和验收。气体灭火、泡沫灭火、细水雾灭火等系统作业人员应具备高级消防设施操作员资格，高级资格取证要求高、周期长，相应专业人员匮乏。

（7）设计规划、选址环境的问题。用户侧储能的用户主要是一般工商业用户和大工业用户，居民用户较少。用户侧储能的应用场景包括大数据中心、通信基站、工业园区、医院、商场、政务楼宇、银行、酒店、农业生产园区等。由于需求分散，且每个用户侧储能项目功率、容量及运行方式需要依据当地电价政策和需求单位用电习惯等定制，常规大型储能系统的设计方案、运维保障措施难以复制；用户侧储能多是用户后期提出的需求，在早期用地规划中并未将储能考虑在内，因此大多数工业企业会面临项目占地面积紧张的局面，从安全角度考虑相关规范标准都对储能的选址、安全距离有明确规定，这对保障用户侧储能的安全提出了更高要求。

在储能电站的站址选择方面，从安全角度来看主要考虑两个层面。第一个层面是针对构成储能系统的电化学储能电池的火灾风险，应使其远离其他危险场所、人员密集地段。目前发生的多数储能电站火灾事故的主体是电化学电池，因此在站址选择时需要考虑采取防火、防爆等防控措施，站址用地应远离有明火或高温生产的厂区或者爆破源，或者与这些存在火灾、爆炸危险因素的区域之间应有可靠的安全间距或隔离措施。第二个层面是针对储能电站周边建筑、环境的防护需求，应充分考虑其对周边毗邻建筑、环境的影响，确保站区内核心的屋内、外电池设备与周边毗邻建筑、人口或人流密集场所等具有可靠的安全间距或隔离措施。

目前针对电化学储能系统的安全防护技术尚未成熟，对电化学储能系统起火、燃烧爆炸产生的破坏力和造成的危害还缺少科学合理的评估方法和手段，因此对于电化学储能电站的站区与周边建筑的合理安全间距、隔离措施的具体要求等还有待于试验研究和实践论证。

在总平面布置方面，近年来储能电站的布置方式愈加灵活，由户内布置的方式发展为户内布置、半户内布置、预制舱布置等多种布置方式。目前，储能电站常采用预制舱布置方式。由于预制舱布置具有建设周期短、安装拆卸灵活等方面的优势，这种布置方式逐渐获得广泛应用。实际工程应用中，安全事故也多发生在预制舱储能设备中。然而，目前关于预制舱储能设备如何布置以降低火灾影响还未引起业内的关注，这既与预制舱设备的能量、功率等级有关，也与采用的储能电池体系和系统设计有关，不合理的预制舱储能设备布置可能导致预制舱储能设备之间的燃烧蔓延，从而造成火灾事故的扩大，以及增加消防灭火的难度。另外，需要考虑多层结构下预制舱荷载、安全出口、疏散通道的设备安全及人员安全问题。

电化学储能电池在运行和失控状态中会产生诸多次生物，不同类型的电化学储能电池因组成物质及次生物不同、燃烧机理差异等造成可燃物、火灾过程产物、火灾载荷均不同，这就使得不同类型的电化学储能电池的火灾危险性有较大的差异。例如，铅炭电池、液流电池在失控状态下会产生氢气，当氢气富集到一定程度时，可能产生燃烧爆炸；锂离子电池在热失控状态下会产生大量可燃气体，也会发生燃烧爆炸。

现阶段对于电化学储能电站的火灾危险性未进行充分评估。由于电化学储能电池发生起火、燃烧、爆炸需要满足的充分条件、必要条件尚缺乏科学数据的支撑，例如，采用磷酸铁锂电池、三元锂电池、钛酸锂电池构成的储能系统在火灾的触发条件及火灾危险程度方面是不同的，如何界定不同类型的电化学储能电池组成的储能系统的火灾危险性还需要深入的试验研究工作。

火灾危险性是厂房设置防火措施的一个重要基础参数。《建筑设计防火规范（2018 年版）》（GB 50016—2014）根据厂房使用或产生物质的火灾危险性特征对厂房火灾危险程度进行了划分，按照危险程度依次减弱的顺序划分为甲、乙、丙、丁、戊五类。厂房火灾危险性的划分会影响防火措施的有效性和合理性。火灾危险性过低，将造成防火措施标准偏低，无法有效地控制、扑灭火灾及减少火灾危险；火灾危险性过高，将造成防火措施标准变高，增加建设成本、造成建设浪费。

目前《电化学储能电站设计规范》（GB 51048—2014）中规定电化学储能电池火灾危险性为戊类，戊类在《建筑设计防火规范（2018 年版）》中的定义为常温下使用或加工不燃烧物质的生产。目前主要类型电化学储能电池内部组件物质及次生物包括难燃材料和可燃材料，因此应根据不同类型和规模的电化学储能系统在火灾危险性方面的研究结论和评估结果科学划分电化学储能电池的火灾危险性。此外，现有标准中不涉及移动式、预制舱式电化学储能电站类型，因此建议下一步开展移动式、预制舱式储能系统火灾特性研究，提出移动式、预制舱式电化学储能电站在消防灭火方面的设计要求。

在电化学储能电池的火灾特性方面，建议根据不同类型储能电站的特性，开展装机容量、工况、应用场景下的火灾机理、蔓延规律、火灾载荷、危险性分析等基础性研究。对各类电化学储能电池进行试验验证，从而进行科学、合理、规范的划分，重点研究分析电化学储能电池火灾的危险性、发生火灾或爆炸所造成的损坏程度，以及对相邻建筑及人员造成的潜在危害，重点加强安全设计和危险预防。

2. 监管问题

1）储能产品质量缺乏监管

我国储能在"十三五"期间完成了由研发示范向商业化初期的过渡，在"十四五"期间将逐步向规模化发展。在"十三五"和"十四五"期间，我国储能的质量问题始终存在，并且相关标准未得到有力的贯彻执行，导致无法实现对储能产品质量的有效监管。

我国在"十三五"期间建设了一批储能示范电站，从技术验证角度示范证明了储能对新能源接入的重要支撑作用，但是仍然存在由储能产品质量问题导致的储能系统的可用容量快速衰减，由产品一致性问题导致的储能系统可用容量偏低、温度和电压极差大，系统运行维护及检修改造成本巨大等问题，极端情况甚至造成个别示范储能系统无法长期运行。

我国在"十四五"期间储能技术突飞猛进，技术成熟度快速提升。然而储能行业目前良莠不齐，在相关标准未得到贯彻执行的情况下，普遍存在另一类储能质量问题。例如，某些投运的储能电站实际可用容量、实际寿命、系统能量效率等关键技术指标达不到承诺值。这主要是因为电池储能系统的容量通常是由供应商依据自行设定的储能电池标称值核算的，与实际可用值存在很大的偏差，从标准角度看，只有依据储能标准型式试验的电池额定值核算的系统容量才具有合理性。

2）储能产品安全缺乏监管

近年来，国内外公开报道的锂离子电池储能电站火灾事故达到 40 起，其中多起事故涉及人身伤亡。2017～2019 年，韩国储能电站事故已近 30 起，事故率达到 2%；2019 年，美国亚利桑那州发生了锂离子电池储能系统着火爆炸并伤及人员的事故；2020 年，英国利物浦 20MW 电网侧储能项目发生火灾；2021 年，澳大利亚特斯拉储能电站发生火灾；国内也发生过多起锂离子电池储能系统燃烧事故。现阶段 98%以上的电池储能系统火灾事故涉及三元锂电池。目前，除国外还在继续采用三元锂电池作为储能外，国内的储能工程已明确要求采用磷酸铁锂电池，但即使采用磷酸铁锂电池，如果不把好质量关，也会出现非常严重的安全事故，典型代表是北京"4·16"光储充项目安全事故。

传统观点认为，通过加强系统设计、增强安全预警与建立消防灭火系统便能解决问题。但是从储能系统安全的根源出发，仅关注系统层级不能解决根本问题：一方面，当这些安全防护系统起作用时问题已经发生，损失也已经产生；另一方面，储能电池本身的安全性是储能电站安全问题的根源和核心，只有储能电池满足电力储能应用相关的安全需求，才能减小突发滥用条件下风险发生的概率。有些储能系统集成商为节省成本，以牺牲安全为代价压低成本。消防系统只属于储能电站的一个配套系统，往往无法要求或建议甲方按相关技术配置消防设施。

3）储能安全管理能力不足

（1）安全管理体系不健全。部分储能电站的投资、建设、租赁、运维等各相关方之间安全责任界定不够清晰。管理单位尚未制定储能电站相关安全管理制度、规范或评价标准，安全管理制度规程不完善。部分储能电站建设在电网公司变电站或所属土地内，未明确土地使用权、资产分界点及安全风险责任划分。

（2）依法合规建设不完善。项目建设规划许可、施工许可、安全评价、并网测试等手续不齐全，部分储能电站的电池、储能变流器等核心部分检验不全面。

（3）调试运维管理不规范。忽视安装调试阶段安全风险，未制订相应实施方案、应急预案，安全工艺不到位。运维人员技术能力良莠不齐、安全保障能力不足。储能设施、灭火系统维护保养不到位。

（4）应急处置能力不足。多数电站应急预案和现场处置方案不完善，部分电站应急装备不齐备，未与属地消防部门建立联动机制，现场运维人员缺乏应急知识和能力，对灭火系统、消防设施操作不熟练，对灭火和应急疏散预案不熟悉，地方消防救援队员不清楚电池火灾扑救方法。

4.3　我国氢能基础设施安全风险防控现状及存在的问题

4.3.1　防控现状

1. 加氢站工艺设备方面

加氢站的储存装置一般采用储氢瓶组和高压储氢罐。高压储氢罐目前主要有两种：一种为按照《固定式高压储氢用钢带错绕式容器》（GB/T 26466—2011）制造的钢带错绕高压储氢容器；另一种为多层包扎式高压储氢容器。储氢瓶组由多个大容积无缝钢质气瓶或瓶式容器组成，自 2010 年开始应用于国内，但该产品目前缺乏相应的国家标准或行业标准。我国目前尚没有液氢储罐应用于民用加氢站。但随着氢液化技术的国产化，液氢储罐的使用会越来越广泛。为了满足车用储氢瓶组 35MPa 和 70MPa 压力的加注要求，加氢站的高压储氢装置压力分别应达到 45MPa 和 87.5MPa。储氢装置需要考虑材料抗氢脆性能、抗疲劳性能、使用寿命和定期检验等参数。

2. 我国加氢站安全监管政策

2019 年以来，为促进我国氢燃料电池行业的发展，国家制定出台了一系列政策规划，给予了加氢站较大的政策支持，助推其加快建设。

1）国家层面

2020 年 9 月，财政部、工业和信息化部、科技部、国家发展改革委、国家能源局印发《关于开展燃料电池汽车示范应用的通知》，提出完善政策制度环境，建立氢能及燃料电池核心技术研发、加氢站建设运营、燃料电池汽车示范应用等方面较完善的政策支持体系；明确氢的能源定位，建立健全安全标准及监管模式，确保生产、运输、加注、使用安全，明确牵头部门，出台加氢站建设审批管理办法。2020 年 10 月，《新能源汽车产业发展规划（2021—2035 年）》提出，攻克氢能储运、加氢站、车载储氢等氢燃料电池汽车应用支撑技术。健全氢燃料制—储—运—加等各环节标准体系。加强氢燃料安全研究，强化全链条安全监管，推进加氢基础设施建设。完善加氢基础设施的管理规范，引导企业根据氢燃料供给等合理布局加氢基础设施，提升安全运行水平。支持利用现有场地和设施，开展油、气、氢、电综合供给服务。统筹充换电技术和接口、加氢技术和接口、车用储氢装置、车用通信协议、智能化道路建设、数据传输与结算等标准的制定/修订，构建基础设施互联互通标准体系。引导企业建设智能基础设施、高精度动态地图、云控基础数据等服务平台，开展充换电、加氢、智能交通等综合服务试点示范，实现基础设施的互联互通和智能管理。2021 年 2 月，《国务院关于加快建立健全绿色低碳循环发展经济体系的指导意见》提出，加强新能源汽车充换电、加氢等配套基础设施建设。

2）地方层面

2021 年 8 月，苏州市人民政府办公室正式印发《苏州市加氢站安全管理暂行规定》。这是全国首份加氢站安全管理规定，自 2021 年 10 月 1 日起生效。《苏州市加氢站安全管理暂行规定》共 21 条，明确加氢站主体责任落实要求，强调要建立具备相应履职能力的企业安全管理和技术专业团队；明确加氢站的安全运行要求，强调制度环节设计；明确作业人员的教育培训和资格要求，强调从业人员要具备与加氢站安全运行相适应的安全生产知识和能力。2022 年 7 月，南京市应急管理局等 11 部门联合印发《南京市加氢站建设运营管理暂行规定》。该规定适用于南京市行政区域内加氢站建设经营单位的规划、选址、立项、设计、报建、施工、验收，以及加氢站运营、安全与应急管理等。

3. 我国加氢站安全标准

目前，我国已经制定了多个与加氢站相关的标准，见表 4.1。

表 4.1　我国加氢站相关标准

序号	名称	标准号	发布年份
1	《氢气站设计规范》	GB 50177—2005	2005
2	《氢气使用安全技术规程》	GB 4962—2008	2008
3	《燃料电池汽车加氢站技术规程》	DGJ 08 2055—2009	2009
4	《加氢站技术规范》	GB 50516—2010	2010
5	《固定式高压储氢用钢带错绕式容器》	GB/T 26466—2011	2011
6	《氢系统安全的基本要求》	GB/T 29729—2022	2022
7	《移动式加氢设施安全技术规范》	GB/T 31139—2014	2014
8	《加氢站用储氢装置安全技术要求》	GB/T 34583—2017	2017
9	《加氢站安全技术规范》	GB/T 34584—2017	2017
10	《氢能车辆加氢设施安全运行管理规程》	GB/Z 34541—2017	2017
11	《加氢站技术规范（2021 年版）》	GB 50516—2010	2021
12	《汽车加油加气加氢站技术标准》	GB 50156—2021	2021

2005 年，建设部和国家质量监督检验检疫总局联合颁布了升级的《氢气站设计规范》（GB 50177—2005），为我国新建、改建、扩建氢气站和供氢站及厂区设计提供依据。2010 年，建设部和国家质量监督检验检疫总局再次联合颁布了《加

氢站技术规范》（GB 50516—2010），对我国加氢站设计、建设起到了积极的指导作用。该标准是中国强制性国家标准，对加氢站的站址选择及总布置做出总体要求，对各系统设备设施（如加氢设施、消防安全设施、电气装置、建筑设施、给水排水、采暖通风）做出技术性和安全性的要求，并对施工、安装、验收和运行管理作出规定，但仅适用于气氢加氢站，不适用于液氢加氢站。《加氢站技术规范（2021 年版）》（GB 50516—2010）中增加了液氢相关技术内容。当前我国在役加氢站全部为高压气氢加氢站，低温液氢加氢站仍在规划中，民用液氢市场尚属空白。但随着燃料电池汽车的普及与规模化应用，液氢加氢站日加氢量将会远超气氢加氢站，这意味着液氢加氢站会在未来氢能产业链中占据重要位置。2021 年 6 月，住房和城乡建设部发布了《汽车加油加气加氢站技术标准》（GB 50156—2021），对高压储氢加氢工艺及设施、液氢储存工艺及设施，以及氢气/液氢管道工程施工等做了相关规定。

　　此外，还有《移动式加氢设施安全技术规范》（GB/T 31139—2014）、《加氢站用储氢装置安全技术要求》（GB/T 34583—2017）、《加氢站安全技术规范》（GB/T 34584—2017）、《燃料电池汽车加氢站技术规程》（DGJ 08 2055—2009）、《氢气使用安全技术规程》（GB 4962—2008）、《氢能车辆加氢设施安全运行管理规程》（GB/Z 34541—2017）、《固定式高压储氢用钢带错绕式容器》（GB/T 26466—2011）、《氢系统安全的基本要求》（GB/T 29729—2022）都对加氢站或相关设备的设计、制造、验收等提出了安全相关的要求。

　　截至 2022 年 3 月，国家标准化管理委员会已批准发布氢能领域国家标准101 项，涵盖术语、氢安全、制氢、氢储存和输运、加氢站、燃料电池及其应用等方面。其中，31 项归口在全国氢能标准化技术委员会（SAC/TC 309），39 项归口在全国燃料电池及液流电池标准化技术委员会（SAC/TC 342），14 项归口在全国汽车标准化技术委员会电动车辆分技术委员会（SAC/TC 114/SC 27）。从国家标准分布情况看，在氢制备方面，涉及电解水制氢、变压吸附提纯制氢、太阳能光催化制氢等；在氢储存和输运方面，涉及固定式高压储氢容器、加氢站用储氢装置等；在加氢站方面，涉及加氢站技术规范、加注连接装置、移动式加氢设施等；在燃料电池方面，涉及燃料电池系统及零部件的技术要求和测试评价方法等；在氢能应用方面，涉及氢燃料电池汽车、燃料电池备用电源、便携式燃料电池发电系统、固定式燃料电池发电系统等。

4.3.2　存在的问题

1. 技术问题

在加氢技术与装备方面，目前，我国基于国产Ⅲ型储氢瓶的 35MPa 快速加氢控制技术的加氢性能和安全性达到国际同类先进水平，与 SAE J2601-1《轻型汽车气态氢加注协议》(*Fueling Protocols for Light Duty Gaseous Hydrogen Surface Vehicles*) 兼容，在多个加氢站实现商业化应用。在 70MPa 加氢机方面尚处于样机阶段。为了满足乘用车 3～5min 内完成加氢 5kg 的需求，国际上均采用预冷至 -40℃的氢气进行 70MPa 加注。美国国家可再生能源实验室（National Renewable Energy Laboratory，NREL）对 40 余座加氢站的运行数据分析结果表明，70MPa 加氢预冷能耗高，平均值达到 2.5kW·h/kg。鉴于此，国际上开展了低功耗制冷及氢气换热技术的开发。日本 NEDO 和美国 DOE 均支持了高效率的氢气换热器开发，能够实现高压氢气的高效换热，已在多个加氢站应用。与此同时，高精度高压氢气质量流量计、传感器、调压阀及高可靠加氢枪等加氢装备的核心零部件由美国、日本、欧洲等国家或地区垄断，我国进口依赖度高，有待开发相关核心技术和零部件制造技术。此外，美国、欧洲、日本等国家或地区已实现加氢机-车辆通信辅助加氢，我国在该领域有待突破。

在压缩机技术装备方面，我国自主开发的 45MPa 压缩机已经应用在 35MPa 加氢站，排量达到 500Nm^3/h，并累计运行超过 5000h。与国外同类型压缩机相比，我国压缩机的可靠性（尤其是关键零部件的寿命）有待进一步提高。国外已经突破了耐超高压、长寿命、大面积的金属膜片材料及其加工制造技术，美国 PDC Machines Inc.（简称 PDC 公司）制造的 45MPa 压缩机单缸排量超过 750Nm^3/h，单级压缩比达到 9，在加氢站操作工况下膜片期望寿命均超过 4500h，90MPa 压缩机两级压缩排量超过 560Nm^3/h，两级综合压缩比超过 18。

在液氢泵技术装备方面，国外以林德集团为代表已成功研制了高压液氢活塞泵，可单级压缩且最大加注能力达到 120kg/h，出口压力可达 87.5MPa，流量为 30g/s，能耗仅有 0.6kW·h/kg；我国目前尚无成熟的高压液氢泵产品，在建的液氢加氢站采用的液氢泵均为进口产品，国产液氢泵仍处于样机研制阶段，出口压力仅能达到 10MPa，技术基础薄弱。

在加氢站工艺和控制方面，我国自主开发了 35MPa 加氢站新工艺及相应的自动化控制系统，目前处于示范阶段，预计将提高加氢站日加氢能力 10%以上。根据美国 NREL 的分析结果，加氢机和压缩机是加氢站故障率较高的设备，加氢机相关的故障事件数量占比达到 57%，严重影响了加氢站的经济性。美国 DOE 支持了 NREL 和美国 Air Products and Chemicals Inc.（简称 AP 公司）开展加氢机可靠性测试技术开发及影响因素研究工作，以指导加氢机可靠性提升技术开发。与此同时，美国 NREL 和 PDC 公司对压缩机进行了可靠性研究，发现在加氢站运行工况下，压缩机的频繁启停和压力循环导致金属隔膜寿命下降，有待开发更可靠的加氢站工艺和控制技术，从而提高压缩机可靠性，降低维护成本。

在加注协议方面，美国汽车工程师学会（Society of Automotive Engineers，SAE）针对轻型汽车、重型汽车与工业用车辆等应用场景分别制定了 SAE J2601-1《轻型汽车气态氢加注协议》、SAE J2601-2（TIR）《重型汽车气态氢加注协议》（*Fueling Protocol for Gaseous Hydrogen Powered Heavy Duty Vehicles*）与 SAE J2601-3（TIR）《工业用车辆气态氢加注协议》（*Fueling Protocol for Gaseous Hydrogen Powered Industrial Trucks*）。我国暂未发布氢燃料电池汽车加注协议相关国家标准。

在加氢站供应体系方面，当前大多数加氢站没有实现商业化运营，一方面是因为氢能供应体系尚未形成，另一方面是因为氢燃料电池汽车仍没有大规模推广。我国每年潜在的工业副产氢超过 1000 亿 m^3，发展潜力巨大，迫切需要更好的储运方式。但工业副产氢主要用于氢燃料电池汽车，需要对其进行提纯。电解水制氢成本受制于电费；天然气重整制氢和甲醇裂解制氢成本相近，是目前主要的制氢手段；煤制氢成本最低，但其设备结构复杂、运转周期相对较低、投资高、配套装置多，且碳排放量较高。受多方面因素影响，目前加氢站的氢源基本为外供，站内制氢很少。我国氢源分布不均，在氢源丰富但氢燃料电池汽车无法推广的地区，氢能无法得到很好的利用。工业副产氢是加氢站用氢的重要来源。但氢提纯企业较少、产量不足，车用高纯氢价格较高。当前氢气一般采用长管拖车或气瓶集装格运输，且压力较低（通常为 20MPa），运输成本较高。虽然不少地方政府出台了加氢站补贴措施，但建站费用高，即使加氢站具备运营条件，氢燃料电池汽车数量及加注频率有限，维持加氢站正常运营也较为困难。

2. 监管问题

（1）管理归属有争议。立项审批是加氢站建设的第一个重要环节。当前我国还没有发布关于加氢站审批程序的管理规定。部分已建成加氢站的城市（如武汉、佛山）制定了加氢站的地方管理办法。审批过程中出现的问题主要包括对氢能管理归属不明、审批过程烦琐等。对于氢气按照危险化学品管理还是按照能源管理，目前争议颇大。如果氢气按照危险化学品管理，建站审批流程复杂，准入条件较严格；如果氢气按照能源管理，建站审批程序相对简单，但在安全方面需增加更多要求。部分发达国家把氢能作为一种特定能源来管理。

（2）主管部门不清晰。《国务院关于落实〈政府工作报告〉重点工作部门分工的意见》（国发〔2019〕8 号）确定了推动充电、加氢等设施建设的工作由财政部、工业和信息化部、国家发展改革委、商务部、交通运输部、住房和城乡建设部、国家能源局等部门按职责分工负责。但当前全国各地加氢站的主管部门并不明确。例如，广东省的加氢站设计、建设及运营的管理由广东省住房和城乡建设厅负责；

武汉经济技术开发区的加氢站项目准入管理则由武汉经济技术开发区行政审批局负责。

（3）行政许可要求不统一。各地方政府对加氢站的许可证书管理要求不一致。例如，佛山市根据《佛山市加氢站管理暂行办法》要求，在加氢站投入使用前需取得"加氢站经营许可证"；武汉经济技术开发区根据《关于印发武汉经济技术开发区（汉南区）加氢站审批及管理暂行办法的通知》，加氢站须参照《城镇燃气管理条例》（国务院令第 583 号），取得"燃气经营许可证"后方可运营。

（4）缺乏加氢站规划布局。根据《加氢站安全技术规范》（GB/T 34584—2017）规定，加氢站选址应符合城镇规划，但当前全国各地均未就加氢站选址出台具体的规划方案。

（5）审批程序不清晰。审批程序涉及的主管部门较多。以佛山云浮氢能标准化创新研发中心负责实施《加氢站管理办法》为例，涉及的主管部门多达 10 个，在项目选址、用地、立项、规划及报建等环节都需要审批各种项目，由于缺乏明确的管理办法，一般审批时间较长。明确立项审批的程序，可促进加氢站快速建设。审批程序烦琐和不规范是目前加氢站发展缓慢的一个重要原因。

3. 技术标准问题

根据全国标准信息公共服务平台的查询结果，截至 2022 年 3 月，国家标准化管理委员会已批准发布氢能领域国家标准 101 项。我国氢能标准体系主要由三个标准化技术委员会制定，分别是全国氢能标准化技术委员会，主要负责氢能基础与管理、制备、提纯、工程建设、储运与加注、检测等领域的标准化工作，覆盖了车用氢能的制—储—运—加—用全产业链，已制定国家标准 31 项；全国燃料电池及液流电池标准化技术委员会，主要负责燃料电池及液流电池的术语、性能、通用要求及试验方法等领域的标准研制工作，已制定国家标准 39 项；全国汽车标准化技术委员会电动车辆分技术委员会，主要负责全国电动车辆等专业领域标准化工作，其中的燃料电池汽车标准工作组负责制定燃料电池车辆相关标准，已制定国家标准 14 项。此外，还有全国能源基础与管理标准化技术委员会（SAC/TC 20）、全国气瓶标准化技术委员会车用高压燃料气瓶分技术委员会（SAC/TC 31/SC 8）、全国气体标准化技术委员会（TC 206）、全国安全生产标准化技术委员会化学品安全分技术委员会（SAC/TC 288/SC 3）等，共制定了相关氢能国家标准 17 项。

通过对我国氢能标准体系的梳理尤其是氢能安全标准的分析，我国已经基本建立了覆盖氢能产业链的标准体系，以燃料电池应用、燃料电池汽车检测及安全等方面的标准为主。然而，我国氢能技术标准仍存在以下三个问题。

（1）部分氢能安全标准的缺失。氢能安全标准的缺失主要在于供氢母站及管束车两个方面。针对供氢母站的建设及安全运行的国家标准是《氢气站设计规范》

（GB 50177—2005），受限于当时技术发展条件，主要考虑小容量储氢瓶及集装格的充装。现阶段管束车运输大量氢气成为主流，对管束车充装氢气的设计规范及安全要求暂无国家标准规定，存在较大的安全隐患。同时，管束车的安全设计及应急措施等方面也缺乏相关国家标准的规定。针对长管拖车仅有《氢气长管拖车安全使用技术规范》（T/CCGA 40003—2021）等团体标准，对长管拖车装卸操作、应急响应等方面的规定没有足够的专业性和权威性，亟须国家标准以规范相关行为。

（2）加氢站氢能安全标准对实践的指导作用不足。在加氢站设计、建设及运维方面，由于标准编制年限较长、受限于氢能安全相关研究水平较低等，我国现有标准在防火间距的确定、爆炸危险区域的划分、氢气泄漏/火焰检测系统及检测的布局安排、罩棚的设计等方面存在显著不足。一是标准的制定过程缺少理论及试验支撑，导致标准与实践存在一定程度的不符；二是标准中涉及相关内容，但是缺乏具体、可操作的措施，使得标准对实践的指导作用较为有限。

（3）部分新制定氢能标准与实践存在脱节。我国液氢主要集中在航空航天领域，民用领域（尤其是车用领域）还未有液氢获取、储存、加注等相关应用实践。目前有关液氢的国家标准已经颁布实施，未充分考虑科技进步水平及我国氢能发展的现状对液氢的需求，可能制约我国液氢产业的发展。

4. 企业运营问题

通过与制氢及纯化、供氢母站、氢能分析检测、加氢站设计与运行等方面企业沟通交流，总结企业在运行过程中的问题主要有如下四个方面。

（1）加氢站/油氢合建站建站审批。按照国家规定，高压氢气与液化石油气、天然气等均归属为危险化学品（《危险化学品安全管理条例》，国务院令第 591 号），其中，液化石油气、天然气加气站又列入燃气设施范畴（《城镇燃气管理条例》，国务院令第 583 号），但加氢站暂未列入燃气设施范畴。对于列入燃气设施范畴的两种加气站，获得燃气主管部门核发的"燃气经营许可证"即可；对于未列入燃气设施范畴的加氢站，必须有应急管理部门核发的"危险化学品经营许可证"，手续办理及运行维护等方面差异显著。目前仅部分省区市出台了加氢站建站审批相关规定，建议国家或相关部门明确加氢站建设审批权限归属，统领我国氢能基础设施建设。

（2）防火间距。我国加氢站建设主要依据《加氢站技术规范（2021 年版）》（GB 50516—2010）。该标准制定时间较早，且在标准编制过程中缺乏实验数据和运营经验的支撑。例如，防火间距均参照其他标准确定。根据国际标准 ISO/TS 19880-1: 2016《气态氢加气站 第 1 部分：一般要求》（*Gaseous Hydrogen-Fuelling Stations Part 1：General Requirements*），各国防火间距对比见表 4.2。从表 4.2 中可知，我国标准中部分防火间距要求与国际标准相比存在较大差别，部分指标是国外同类指标的数倍甚至十余倍，在一定程度上影响甚至制约了我国加氢基础设施的建设和发展。

表 4.2　各国防火间距对比（单位：m）

项目	中国	加拿大	日本	韩国	英国	美国
加氢机周围爆炸危险区距离	4.5	—	0.8	—	1.5	0~1.5
散发火花地点距离	20~40	7.6	8	8	5	10.7
通风管口爆炸危险区距离	4.5~7.5	—	—	—	—	1.5~4.6
公共道路防火距离	5~15	4.6	8	5	8	3

（3）氢气泄漏检测。对于供氢母站及加氢站运行企业，发生在充氢、卸氢、加氢过程及阀门、接口等部位的氢气泄漏是较大的安全隐患。为保证涉氢操作安全，作业人员必须经过培训合格后才能持"车用气瓶充装证"和"特种设备操作证"上岗。在氢气加注前，作业人员用手持氢气浓度检测仪对加氢口等位置进行检测。同时，在卸氢、储氢及加氢区域布置了固定式氢气浓度报警仪及火焰检测器，编制应急预案并在住房和城乡建设部门备案，并定期开展应急演练。目前我国加氢站面临的安全难题是攻克站内管道、阀门等位置的氢气泄漏检测技术。

（4）氢能产业发展。全国已布局或准备布局氢能产业的省区市数量占比超过2/3，超过 30 个城市发布了氢能产业发展规划，各地正在掀起打造氢能产业集群的热潮，应重视我国氢能产业"上冷下热"的特征。同时，我国各地情况差别极大，不是所有地区都适合发展氢能，也没有必要现阶段在所有地区布局氢能产业。技术路线、政府财力、研究积累（大学相关基础研究）三个部分共同决定了氢能产业发展潜力。目前氢能发展的主要城市群（集中在北京、上海、广州等）中技术路线、补贴方式、研究禀赋均有差别。应优先在经济和产业基础好、氢能成本低、能源转型压力大的地区开展示范，避免重复建设和无序竞争，警惕产能过剩带来的资源浪费和潜在风险。

4.4　我国综合能源站安全风险防控现状及存在的问题

4.4.1　防控现状

与国外类似，我国目前针对综合能源系统中各子系统具有较为完善的安全标准，如《交流 1000V 和直流 1500V 及以下低压配电系统电气安全　防护措施的试验、测量或监控设备》系列国家标准、《蒸气压缩循环冷水（热泵）机组　安全要求》（GB 25131—2010）、《第一类溴化锂吸收式热泵机组》（GB/T 34620—2017）、《轻型燃气轮机使用与维护》（GB/T 11371—2008）、《轻型燃气轮机控制和保护系统》（GB/T 14411—2008）、《光伏（PV）组件安全鉴定》系列国家标准、《分布式光伏发电系统远程监控技术规范》（GB/T 34932—2017）等。针对综合能源系统，仅就建筑能源系统这一场景制定了相关标准，如《绿色建筑运行维护技术规范》（JGJ/T 391—2016）。

在技术研究方面，我国已开展了综合能源系统中各子系统及设备的故障诊断研究。在科研投入上，我国通过国家高技术研究发展计划、国家重点基础研究发展计划、国家自然科学基金等加大对多能互补综合能源系统的研究力度。在战略地位上，我国将综合能源系统视为国家能源发展战略。目前，相关学者开展了基于大数据、机器学习等人工智能手段的综合能源系统故障诊断的初步探索。肖徐兵和杨宇峰（2019）针对目前综合能源运维管控缺乏对末端设备状态的精准监控、故障诊断机制不完善且精准度偏低等实际工程问题，提出了一种基于机器学习的综合能源运维管控方案。郭睿等（2020）基于大数据技术并结合乡村能源特征库，设计了一种符合乡村实际情况的综合能源服务及实施运维方案，最大限度地满足乡村用户的综合能源服务需求，并实现能源自给自足与节能减排，提高服务质量及运营管理效率。任江波等（2019）针对传统综合能源系统难以满足不断变化的发电结构及用户用能需求问题，借助人工智能并基于综合考虑储能系统的充放电损耗、容量衰减、荷电状态、能量存储时间、削峰填谷的全生命周期模型，设计了运维管理方案，提升了综合能源运维的效率、可靠性与经济性。

4.4.2　存在的问题

我国针对单一能源系统或设备已具有大量安全标准，但综合能源站相关安全标准较为缺失，无法满足未来综合能源系统及综合能源站的建设及运行需要。

第5章 主要发达国家新能源应用基础设施安全风险防控现状与经验

5.1 主要发达国家充电站安全风险防控现状及启示

5.1.1 主要发达国家充电站安全风险防控现状

为调整全球能源结构、降低碳排放，众多发达国家将发展电动汽车产业上升到国家战略高度。研究发达国家电动汽车产业发展技术、标准及相关政策，可以为我国电动汽车产业发展提供有益借鉴。

1. 技术方面

电动汽车的充电安全技术研究主要可以分为电动汽车电池充电安全研究、电动汽车充电设备充电安全研究及电动汽车与电网融合安全研究等方面。针对电动汽车电池充电安全研究，电动汽车动力电池是电动汽车的核心储能及供电单元，学者通过对锂离子电池开展充电机理及模型构建研究，分析电池的热稳定性和电池热失控触发及扩展机理，形成内短路检测防护、电池过充机理分析与诊断防护、电池均衡、高稳定电池材料的研发和应用，以及电池状态参数监测与故障诊断方法等五个方面的电池安全防护相关技术，并在此基础上进行大量研究与改进，最终提高了电池的安全性能。为保障电动汽车产业稳定发展，以充电站为主的充电设备的充电安全性尤为重要。为有效保护电动汽车充电设备安全，学者提出并改善了充电设备绝缘防护技术、充电桩通信安全防护技术及充电桩设备老化预测/防护技术。另外，无线充电技术由于具有运行安全、便捷灵活等优点，受到了越来越多的关注。作为电动汽车储能单元的动力电池也可以反过来向电网馈电（即 V2G 技术），因此电动汽车与电网安全融合机制研究对电动汽车充电安全同样意义重大。

国外针对上述内容开展了大量研究工作。德国研发了 BADICOaCH 系统和 BATTMAN 系统，本德尔（Bender）公司设计了电动汽车绝缘能力检测系统，生产了 A-Isometer ISO-F1 型油电混合动力汽车，一旦出现异常情况，该系统执行预警动作，从而保护用户的人身及财产安全。美国通用汽车公司（General Motors Corporation）开发了电池管理系统，美国宇航环境（AeroVironment）公司开发了

SmartGuard 系统，爱西推进（AC Propulsion）公司开发了 BatOpt 系统，实现了电池健康状态的监测。韩国研发了 SAMSUNG SDI 系统，可以对电池系统中很多个单体电池进行温度、电流和电压情况的监测，有效保护每个单体电池。

2. 标准方面

为解决电动汽车行业的安全性、可靠性和互操作性问题，国际标准得到了良好发展。根据电动汽车及充电站的组成，（美国）电气和电子工程师协会（Institute of Electrical and Electronics Engineers，IEEE）、国际标准化组织（International Organization for Standardization，ISO）、日本电动汽车协会（Japan Electric Vehicle Association，JEVA）、保险商实验室（Underwriters Laboratories，UL）、国际电工委员会（International Electrotechnical Commission，IEC）、（美国）国家电气制造商协会（National Electrical Manufacturers Association，NEMA）、中国国家标准化管理委员会、美国国家标准学会（American National Standards Institute，ANSI）、（美国）国家消防协会（National Fire Protection Association，NFPA）、SAE 给出了相应的国际标准，具体行业包括汽车制造商、电池制造商、汽车零部件制造商、电动汽车充电站供应商、电池开关站操作员、保险公司等。其中，IEC 和 SAE 为电动汽车充电站提供了综合全面的国际标准。IEC 基于电动汽车充电站不同组成部分为电动汽车充电制定的国际标准有 IEC 61851《电动汽车传导充电系统》（*Electric Vehicle Conductive Charging System*）、IEC 62196《插头、插座、车辆连接器和车辆插孔——电动汽车的传导充电》（*Plugs，Socket-outlets，Vehicle Connectors and Vehicle Inlets—Conductive Charging of Electric Vehicles*）和 IEC 62752《充电模式 2 状态下的电动汽车保护》（*In-cable Control and Protection Device for Mode 2 Charging of Electric Road Vehicles*）等。SAE 为电动汽车充电站制定的各项国际标准涵盖了电池性能和额定功率、电池材料测试、电池尺寸、电池识别和包装、电池回收、二次电池使用、电池测试方法、电动汽车和混合动力汽车碰撞安全、电动汽车充电安全、电动汽车充电、电网通信和电动汽车额定功率等方面。

3. 政策方面

世界各国对新能源汽车行业的扶持政策多样。部分国家为了新能源汽车产业发展，以立法的形式制定了一系列激励政策，形成了全面、完整的政策体系。美国于 2009 年制定了《2009 年美国复苏与再投资法案》（*The American Recovery and Reinvestment Act of 2009*），加大了国家对新能源汽车产业的支持力度，并于 2011 年发布了《电动汽车充电器税收抵免》（*EV Charger Tax Credit*），明确了补贴对象及内容。其他扶持政策包括根据电池容量实行税收减免机制、积分制度推动企业转型，以及政府采购与社会宣传配合刺激市场需求等，以促进新能源汽车产业技术

创新和市场开拓。日本于 2010 年启动新能源汽车发展规划政策《新一代汽车战略
2010》，提出了新能源汽车保有量、充电桩数量等一系列发展目标，并于 2014 年
发布了《环保汽车补贴》，在锂离子电池的开发和应用领域提供大量资金支持，促
进电池技术的研发创新。另外，日本重视电池等资源回收利用，出台了资源回收
利用规划目标及具体措施。德国于 2009 年发布了《国家电动汽车发展计划》
（*National Electromobility Development Plan*），提出了电池存储容量、使用寿命、能
量密度等各项参数标准的目标及要求，并于 2011 年成立了电动汽车产业国家电动
出行平台（National Platform for Electric Mobility，NPE）。同样，德国也一直重视
配套基础设施的建设，给予了大量政策和资金上的扶持。随着欧盟发布最严碳排
放政策，德国相应车企纷纷向新能源汽车方向转型。

5.1.2　对我国充电站安全监管与应急管理体系建设的启示

　　国外电动汽车发展较早，针对充电安全研究较充分，资本较集中；标准制定
较早，市场监督严格，企业承担的责任较重；国家从补贴、发展路线、推广途径
等方面进行引导。美国通过法律确立新能源汽车战略地位，通过减免购买新能源
汽车、安装充电基础设施的税收刺激消费市场以带动该国新能源汽车产业的发展；
日本通过加大对新能源汽车核心技术的研究力度、促进技术攻克，以稳固该国在
汽车工业方面的优势；德国在新能源汽车工业领域着重产品技术创新，并通过欧
盟最严碳排放政策，意图打造具有国际影响力的品牌与技术标准，以推动该国相
关产业的发展。相比上述汽车传统强国，我国主要依靠政府的前瞻性规划及能源
与汽车专家的技术论证来出台相应的新能源政策，以此对我国新能源汽车的生产、
技术，以及配套基础设施的建设提出要求及规范。

　　各国根据国情及国内汽车工业基础采取了不同的新能源汽车政策模型。针对
充电过程中的电动汽车及充电设备相关安全问题，目前已经制定了绝缘、漏电、
过热、通信等基本安全保护标准，但如何有效分析电动汽车与充电设备之间多类
故障发生机理，进一步建立完备的充电安全防护体系，仍是广大学者所研究的热
点问题。研究表明，电池热失控是电动汽车充电安全事故发生的主要原因，而电
池热失控的首要原因在于在充电过程中电池内部形成了锂枝晶。为解决充电过程
中锂枝晶导致的电池热失控问题，可以利用电池管理系统实时监督充电过程中电
池相关状态，或通过分析并模拟电池热失控故障案例，揭示电池内部锂枝晶的产
生本质，进而建立有效的诊断方案和预警模型，最终提升电动汽车的电池充电安
全。对于充电设备（如充电桩）的安全防控，主要是从充电设备的绝缘防护和通
信系统的通信安全出发，以提升充电设备的绝缘防护水平和电动汽车与充电桩之
间信息交互过程中的通信安全水平。

为实现我国在新能源汽车领域的弯道超越，上述发达国家为发展电动汽车产业所做的工作为我国提供了可以借鉴的经验。首先，新能源汽车的大力发展离不开政府的大力支持和推动，对购车和基础设施（如充电桩）进行补贴，并对道路使用权等给予新能源汽车形式方面的优惠，以促进新能源汽车领域的稳健发展。其次，大力建设充电基础设施，研究充电基础设施合理布局，以提高电动汽车充电的便利性。最后，加强行业关键技术研发，通过产学研一体化联合攻关，积极参与国际新能源汽车技术标准制定，推动技术的快速研发与升级。

5.2　主要发达国家储能电站安全风险防控现状及启示

5.2.1　主要发达国家储能电站安全风险防控现状

1. IEC 储能安全标准化情况

IEC 于 2012 年底正式批准成立 IEC/TC 120，主要负责研究制定电力储能系统及相关部件的国际标准。截至 2020 年，IEC/TC 120 在储能领域立项标准 18 项，已发布 8 项、在编 10 项。目前 IEC/TC 120 下设 5 个工作组、1 个联合工作组，分别是 WG1-术语与定义工作组、WG2-储能单元参数与测试方法工作组、WG3-规划与安装工作组、WG4-环境问题工作组、WG5-安全问题工作组，以及 JWG 10-联合工作组，JWG 10 与 IEC/TC 8 共同负责分布式电源接入电网。

截至 2020 年，IEC/TC 120 已经发布的、在编的电力储能标准分别如表 5.1 和表 5.2 所示。

表 5.1　IEC/TC 120 发布的电力储能标准

序号	标准名称	标准号
1	*Electrical Energy Storage（EES）Systems—Part 1：Vocabulary*	IEC 62933-1：2018
2	*Electrical Energy Storage（EES）Systems—Part 2-1：Unit Parameters and Testing Methods—General Specification*	IEC 62933-2-1：2017
	Corrigendum 1—Electrical Energy Storage（EES）Systems—Part 2-1：Unit Parameters and Testing Methods—General Specification	IEC 62933-2-1：2017/COR1：2019
3	*Electric Energy Storage Systems—Part 2-2：Unit Parameters and Testing Methods—Applications and Performance Testing*	IEC TS 62933-2-2
4	*Case Study of EES Systems Located in EV Charging Station with PV*	IEC TR 62933-2-200
5	*Electrical Energy Storage（EES）Systems—Part 3-1：Planning and Performance Assessment of Electrical Energy Storage Systems—General Specification*	IEC TS 62933-3-1：2018

续表

序号	标准名称	标准号
6	*Electrical Energy Storage（EES）Systems—Part 4-1：Guidance on Environmental Issues—General Specification*	IEC TS 62933-4-1：2017
7	*Electrical Energy Storage（EES）Systems—Part 5-1：Safety Considerations for Grid-integrated EES Systems—General Specification*	IEC TS 62933-5-1：2017
8	*Electrical Energy Storage（EES）Systems—Part 5-2：Safety Requirements for Grid-integrated EES Systems—Electrochemical-based Systems*	IEC 62933-5-2：2020

表 5.2　IEC/TC 120 在编的电力储能标准

序号	标准名称	标准号
1	*Electric Energy Storage Systems—Part 2-2：Unit Parameters and Testing Methods—Applications and Performance Testing*	IEC TS　62933-2-2
2	*Case Study of EES Systems Located in EV Charging Station with PV*	IEC TR 62933-2-200
3	*Electric Energy Storage Systems—Part 3-2：Planning and Performance Assessment of Electrical Energy Storage Systems—Additional Requirements for Power Intensive and for Renewable Energy Sources Integration Related Applications*	IEC TS 62933-3-2
4	*Electrical Energy Storage（EES）Systems—Part 3-3：Planning and Performance Assessment of Electrical Energy Storage Systems—Additional Requirements for Energy Intensive and Backup Power Applications*	IEC TS 62933-3-3
5	*Electrical Energy Storage（EES）Systems—Part 4-200：Guidance on Environmental Issues—Greenhouse Gas（GHG）Emission Reduction by Electrical Energy Storage（EES）Systems*	IEC TR 62933-4-200
6	*Electric Energy Storage System—Part 4-2：Environment Impact Assessment Requirement for Electrochemical based Systems Failure*	IEC 62933-4-2
7	*Electrical Energy Storage（EES）Systems—Part 4-3：The Protection Requirements of BESS According to the Environmental Conditions and Location Types*	IEC 62933-4-3
8	*Electrical Energy Storage（EES）Systems—Part 4-4：Environmental Requirements for BESS Using Reused Batteries in Various Installations and Aspects of Life Cycles*	IEC 62933-4-4
9	*Electrical Energy Storage（EES）Systems—Part 5-3：Safety Requirements for Electrochemical based EES Systems Considering Initially Non-anticipated Modifications—Partial Replacement，Changing Application，Relocation and Loading Reused Battery*	IEC 62933-5-3
10	*Electrical Energy Storage（ESS）Systems—Part 5-4：Safety Test Methods and Procedures for Grid Integrated EES Systems—Lithium Ion Battery-based Systems*	IEC 62933-5-4

2. 美国储能标准组织

美国 DOE 正在制定储能安全标准路线图，由美国 DOE 桑迪亚国家实验室

（Sandia National Laboratory）牵头，协调 NFPA、国际标准委员会（International Code Council，ICC）、IEEE 等标准化组织开展相关标准制定/修订工作，UL、挪威船级社（DNV）和美国法特瑞互助保险公司（FM Global）等企业和机构也参与其中。

截至 2020 年，美国共发布了 33 项储能安全相关的标准，还有 8 项储能安全相关的标准正在制定，涉及储能系统建筑环境、消防、安装、并网、试验等方面。这些标准大致分成两类：一类是沿用与传统电气安全要求相关的通用性标准；另一类是针对储能电池的安全性而设计的标准，如 UL 9540A。

3. 日韩储能标准组织

日本储能相关标准主要由日本工业标准调查会（Japanese Industrial Standards Committee，JISC）组织制定，涉及电池的试验方法、安全性要求、电磁兼容等方面。截至 2020 年，日本储能相关的现行标准如表 5.3 所示。

表 5.3　日本储能相关的现行标准

序号	标准名称	标准号
1	工业用二次锂电池和蓄电池 第 1 部分：性能要求和试验方法	JIS C 8715-1
2	工业用二次锂电池和蓄电池 第 2 部分：安全性要求和试验方法	JIS C 8715-2
3	电能存储设备的安全性要求 第 1 部分：通用要求	JIS C4412-1
4	电能存储设备的安全性要求 第 2 部分：分离型功率调节器的详细要求	JIS C4412-2
5	电力电子装置 电磁兼容性要求和特异性试验方法	JIS C4431
6	不间断电源系统 第 2 部分：电磁兼容性要求	JIS C4411-2
7	不间断电源系统 第 3 部分：性能要求和试验方法	JIS C4411-3

韩国储能相关标准主要由韩国技术和标准局（Korean Agency for Technology and Standards，KATS）、韩国电池工业协会（Korea Battery Industry Association，KBIA）等组织制定，涉及电池安全要求、性能试验、安全试验等方面。截至 2019 年，韩国储能相关的现行标准如表 5.4 所示。

表 5.4　韩国储能相关的现行标准

序号	标准名称	标准号
1	蓄电池和含碱或其他非酸性电解质蓄电池组 工业应用中使用二次锂电池和蓄电池组的安全要求	KS C 62619
2	含碱性或其他非酸性电解质的蓄电池和蓄电池组 工业设备用锂蓄电池和电池组	KS C 62620
3	二次锂离子电池和电池系统 蓄电池储能系统 第 2 部分：安全试验	KBIA 10104-1
4	二次锂离子电池和电池系统 蓄电池储能系统 第 2 部分：性能试验	KBIA 10104-2

4. 德国储能标准组织

德国储能标准大致分为两类：一类是等同采用欧洲标准（European Norm，EN）和 IEC 标准，这类标准一般以 DIN EN IEC 命名，如 DIN EN IEC 62933-5-2 VDE 0520-933-5-2《接入电网的电化学储能系统安全要求——电化学系统》（*Safety Requirements for Grid-integrated EES Systems—Electrochemical-based Systems*）；另一类是德国国内的标准化组织制定的国家标准，如德国电气工程师协会（Verband Deutscher Elektrotechniker，VDE）制定的 VDE-AR-E 2510-50 Anwendungsregel《固定式锂离子电池储能系统安全要求》（*Stationary Battery Energy Storage Systems with Lithium Batteries Safety Requirements*）。这两类标准共同构成了目前德国储能标准的主体，在 VDE 网站共检索出 42 项德国标准。

在这 42 项德国标准中，有 22 项等同采用 IEC 标准，其中的 10 项来自 IEC/TC 120，该工作组于 2012 年底正式批准成立，主要负责研究制定电力储能系统及相关部件的国际标准。截至 2020 年，IEC/TC 120 在储能领域立项 16 项标准，其中已发布 6 项标准、在编 10 项标准。另外，还有 12 项标准来自 IEC/TC 21（二次电池和电池组）、IEC/TC 105（燃料电池）、IEC/TC 69（电动道路车辆和电动工业载货车）等技术委员会。

德国的储能标准中并未严格区分分布式储能和集中式储能，储能并网大多采用 VDE-AR-N 4110《客户装置与中压网络的连接和运行的技术要求》（*Technical Rules for Connecting Customer Systems to the Medium-voltage Network and Their Operation*）和 VDE-AR-N 4105《发电系统接入低压电网并网最低技术要求》（*Technical Minimum Requirements for Connection and Parallel Operation of Generation Plants on the Low-voltage Network*）两项分布式新能源并网标准。其中，VDE-AR-N 4110 规定了发电厂、储能、充电站等用户设施接入中压电网的并网规则，该标准中的中压电网是指频率为 50Hz、电压为 1～60kV 的电网，对于有功功率为 135～950kW 的发电厂和储能装置，必须验证是否符合 VDE-AR-N 4110：2018-11[①]的要求。VDE-AR-N 4105 规定了将发电厂、储能等设施连接到低压电网时的并网规则，适用于与电网运营商的低压电网并联运行的所有发电厂和储能系统，以及不向电网运营商的低压电网供电的发电厂和储能系统。

德国的储能市场起步较早，储能系统安全标准的制定也相应较早。截至 2021 年，德国储能安全标准主要有 3 项，如表 5.5 所示。

---

① VDE-AR-N4110：2018-11 是 VDE-AR-N4110 的 2018 年 11 月版本。

表 5.5　德国储能安全标准

序号	标准号	标准名称	标准中文名称
1	VDE-AR-E 2510-50 Anwendungsregel：2017-05（简称 VDE 2510）	*Stationary Battery Energy Storage Systems with Lithium Batteries Safety Requirements*	固定式锂电池储能系统安全要求
2	DIN IEC/TS 62933-5-1 VDE V 0520-933-5-1：2020-04（简称 IEC TS 62933-5-1：2017）	*Electrical Energy Storage（EES）Systems—Part 5-1：Safety Considerations for Grid-integrated EES Systems—General Specification*	电力储能系统 5-1 部分：接入电网的电力储能系统安全要求　一般要求
3	DIN EN IEC 62933-5-2 VDE 0520-933-5-2：2021-11（简称 IEC 62933-5-2：2020）	*Electrical Energy Storage（EES）Systems—Part 5-2：Safety Requirements for Grid-integrated EES Systems—Electrochemical-based Systems*	电力储能系统 5-2 部分：接入电网的电化学储能系统安全要求

2017 年，德国 VDE 制定了专门针对锂电储能安全的标准 VDE 2510。这是全球首个全面评估储能系统安全的标准，涵盖了储能系统所涉及的绝大多数安全风险，包括电气安全、电池安全、电磁兼容、功能安全、能量管理、运输安全、安装安全、退役管理等方面，但是该标准的应用范围仅限于个人（户用）和小规模储能系统。

IEC TS 62933-5-1：2017 规定了适用于接入电网的电力储能系统的安全注意事项（如危险识别、风险评估、风险缓解），该标准适用于多类型或不同规模的电力储能系统。

IEC 62933-5-2：2020 规定了电化学储能系统的安全要求，目的是降低电化学储能系统安全问题引发的伤害或造成的损失，该标准涉及接入电网的电化学储能系统在设计、制造、供应、操作和维护方面的安全要求。

IEC TS 62933-5-1：2017 和 IEC 62933-5-2：2020 这两个标准结构大致相同，均是从储能系统风险分类、风险评估、减少风险的措施等方面分别阐述储能系统和电池储能系统安全要求。在减少风险的措施方面，IEC TS 62933-5-1：2017 阐述了储能系统安全设计通用准则，但对具体的安全设计要求未作出细致约定。为了减少电池储能系统安全风险，IEC 62933-5-2：2020 从电池储能系统本征安全设计、管理和防护措施等方面对安全设计进行了详细说明。

以上三个标准均是关于储能安全方面的标准，但是适用范围不同，VDE 2510 适用用户侧储能系统，IEC TS 62933-5-1：2017 和 IEC 62933-5-2：2020 适用接入电网的储能系统。这三个标准均是首先提出储能系统的安全风险评估的要求，然后对于各种安全风险提出原则性的要求或者测试方法，但是很少提及具体的参数指标，例如，在外部短路方面，VDE 2510 的要求是：①试验过程中不得出现任何着火或燃烧或爆炸的迹象；②应测量并记录测试性能中描述的值；③应考虑测量的电流和电压值，评估过电流保护装置的关闭时间；④应评估绝缘电阻值。

5.2.2　对我国储能电站安全监管与应急管理体系建设的启示

国内外典型的储能电站火灾事故暴露出目前在电化学储能电站的安全管理、安全保障方面普遍存在不足，包括储能主要部件和设备的安全质量把关不严、储能电站安全防护措施不足、人员操作及管理存在问题等，这些不足同样存在于用户侧储能电站/系统中。

国外安全防控经验表明，美国、欧洲、日本储能电站的火灾事故较少，韩国储能电站的火灾最多，火灾概率为1%~2%，储能热失控是火灾的主要原因之一；国外储能的安全防控重视力度不如我国，缺乏储能标准体系，但国外储能标准出台较早、影响力较大。可借鉴国外安全防控经验，提高应急消防技术水平，以避免发生次生灾害。例如，储能火灾后使用机器人打开储能集装箱门，可避免人员伤亡。

我国储能安全顶层设计考虑比较全面，包括政策、法规、标准等各方面，但在执行过程中存在各种问题，需要加强储能标准的贯彻和实施。我国储能安全防控的问题如下：①安全防护技术体系尚未建立，包括风险预警、防护及消防技术等，相关技术方案不成熟，以往建设的储能电站普遍缺乏预警功能，难以满足未来的安防要求；②储能系统整机产品形态尚未确定，单体和整机的安全性关系不明确；③储能主要部件和设备的安全与质量把关不严，人员操作不当及安全监管缺失。我国储能安全防控的重点任务如下：①改善技术管理；②提升技术措施，如确定防控的基本原则；③加强技术标准；④加强实验条件，如建立国家级储能火灾综合实验及验证平台。

5.3　主要发达国家氢能基础设施安全风险防控现状及启示

5.3.1　主要发达国家氢能基础设施安全风险防控现状

1. 美国安全管理模式

美国的氢能安全管理是通过法律、法规和标准来保障的。氢能安全管理采用三层金字塔结构，顶层由国家法律、建筑和消防法规组成，这些都属于法律、法规范畴；中间层是在法律法规中引用的强制性标准，这些标准同样具有法律效力，中间层的关键标准为NFPA 2《氢气技术规范》（*Hydrogen Technologies Code*）和NFPA 853《固定燃料电池系统安装标准》（*Standard for the Installation of Stationary Fuel Cell Power Systems*）等；底层的氢部件标准和设备设计规范主要为中间层文件的引用标准，如美国压缩气体协会（Compressed Gas Association，CGA）出台的 CGA S 系列容器安全泄放标准、美国机械工程协会（American Society of Mechanical Engineers，ASME）出台的 ASME B31 系列氢管道设计标准。

除上述标准外，美国其他与氢能和燃料电池相关的标准大多依托各类协会制定，涉及美国航天航空学会（American Institute of Aeronautics and Astronautics，AIAA）、ASME、美国材料与试验协会（American Society for Testing and Materials，ASTM）、CGA、NFPA、SAE 等制定的标准，构成了较为完备的氢能安全标准体系。

2. 欧洲安全管理模式

根据欧盟燃料电池和氢能联合组织（Fuel Cells and Hydrogen Joint Undertaking，FCH JU）发布的最新技术文档，欧洲氢能监管的层次结构与美国类似，也采用三层金字塔结构，如图 5.1 所示，从上到下依次为法律法规、标准和指导性技术文件。

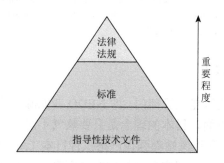

图 5.1　欧洲安全管理模式

2015 年，欧盟 FCH JU 成立了法规、准则和标准战略协调小组，以通过协调法规、准则和标准战略来促进氢能的市场化应用。2017 年，FCH JU 启动了欧洲氢安全小组（European Hydrogen Safety Panel，EHSP）计划，其任务是在计划和项目级别上协助 FCH JU 来确保对氢安全进行适当管理，并促进和传播 FCH JU 计划内外的氢安全文化。依托该计划，欧洲 EHSP 建立了著名的欧洲氢气事件和事故数据库（Hydrogen Incident and Accident Database，HIAD），收录了各种氢能事故，并力求从中吸取经验和教训，见表 5.6。

表 5.6　欧洲氢相关法规

标准号	标准名
Directive 2012/18/EU	危险物质重大事故
ATEX Directive: 99/92/EC	爆炸性气体环境分区
ATEX Directive: 2014/34/EU	爆炸性气体环境设备与保护系统要求

续表

标准号	标准名
Directive 2014/68/EU （Pressure Equipment Directive）	压力设备相关规程 适用于氢燃料相关的容器、阀门、软管及其他附件
Directive 2010/35/EU	可移动压力容器设备，包括设备要求及定期检查要求
Directive 2008/68/EC	危险货物内陆运输规程，同时引用 ADR/RID 指令
Machinery Directive: 98/37/EC	机械设备与安全元件规则
Low Voltage Directive: 73/23/EEC	电气设备规则
Electromagnetic Compatibility Directive: 89/336/EEC	电磁兼容规则
AFID Directive 2014/94/EU	替代燃料基础设施要求

注：ADR 指《关于危险货物道路国际运输的欧洲协议》（*European Agreement Concerning the International Carriage of Dangerous Goods by Road*）；RID 指《国际铁路运输危险货物规则》（*Regulations Concerning the International Carriage of Dangerous Goods by Rail*）。

3. 日本安全管理模式

日本政府有专门的氢能主管部门，即 NEDO 新能源系统课氢与燃料电池战略室。在氢气安全问题方面，日本的理念是只要氢气不泄漏，就不会发生着火爆炸事故。因此，制氢工厂和加氢站都强调严格执行日本《高压气体安保法》，没有另设法律标准，也没有片面强调安全而扩大安全距离，企业及行业协会严格执法，同时根据使用过程的实际情况，采取必要的安全技术措施。

日本针对氢能储运的法规主要有《高压气体安保法》《消防法》《建筑标准法》《道路运输车辆法》等。需要强调的是，《消防法》中涉及液体燃料的相关要求。例如，在日本的油氢合建站中，加油区一侧按照《消防法》规定设置，加氢区一侧按照《高压气体安保法》规定设置。

在技术标准层面，日本比较重要的机构是日本石油能源中心（Japan Petroleum Energy Center，JPEC），该组织负责对氢能相关技术标准和法规进行修订，见表 5.7。

表 5.7　日本氢相关法规

标准号	标准名
JPEC-S0001（2015）	加氢站安全检查标准
JPEC-S0003（2016）	压缩氢气充填技术标准
JPEC-S0004（2014）	防爆—加油机周围的防爆标准

续表

标准号	标准名
JPEC-S0005（2013）	压缩氢运输车辆容器技术标准
JPEC-S0006（2016）	压缩氢运输车辆配件技术标准
JPEC-S0007（2017）	压缩氢站安全技术标准
JPEC-S0008（2017）	关于压缩氢站和移动式压缩氢站距离调节的替代措施
JPEC-TD0001（2017）	压缩加氢站安全技术准则
JPEC-TD0002（2017）	氢气拖车安全技术指南
JPEC-TD0003（2017）	关于安全使用加氢站的低合金钢制储氢瓶

另外，英国 BCGA CP33、韩国 KGS FP216、德国 VdTUVMerkblatt、法国 larubriqueN1416 等均对气氢的使用做出了相关的规定，见表 5.8。

表 5.8　国际加氢站主要相关标准

序号	标准号	标准名称	中文名称	国家/组织
1	—	高圧ガス保安法	高压气体安保法	日本
2	NFPA 2	*Hydrogen Technologies Code*	氢技术规范	美国
3	IGC Doc 15/06/E	*Gaseous Hydrogen Stations*	氢气站	美国
4	ANSI/AIAA G-095A-2017	*Guide to Safety of Hydrogen and Hydrogen Systems*	氢气和氢气系统安全指南	美国
5	ISO/TR 15916-2015	*Basic Considerations for the Safety of Hydrogen Systems*	氢系统基本安全要求	美国
6	NASA-NSS-1740.16	*Safety Standard for Hydrogen and Hydrogen Systems*	氢和氢系统安全标准	美国
7	BCGA CP33	*The Bulk Storage of Gaseous Hydrogen at Users' Premises. Revision 1：2012*	在用户场所大量储存气态氢标准（2012年修订）	英国
8	ISO/TS 19880	*Gaseous Hydrogen—Fuelling Stations—Part 1：General Requirements*	气态氢——加氢站——第 1 部分：通用要求	ISO
9	KGS FP216	제조식 수소자동차 충전의 시설·기술·검사 기준	燃料车辆现场制氢加注设施/技术/检验规范	韩国
10	VdTUVMerkblatt	*Requirements for Hydrogen Fueling Stations*	加氢站要求	德国
11	larubriqueN1416	*1416. Stockage ou Emploi d'hydrogène*	氢气储存或使用	法国

5.3.2 对我国氢能基础设施安全监管与应急管理体系建设的启示

就国外典型的加氢站爆炸事故来看，氢能安全问题已渗透到氢气的制—储—运—加—用等各环节，亟须引起更大的重视。其中，加氢站的安全性问题凸显，加氢站的安全管理、安全保障方面普遍存在不足，包括站用主要部件和设备的安全质量把关不严、加氢站安全防护措施不足、人员操作及管理问题等。

（1）加氢站主要部件和设备安全质量不过关。加氢站防护墙的长度、强度，以及卸气软管的承压性能、防脱落甩动功能是影响卸气环节安全的关键因素；压缩机膜片、储存容器及其附件的不安全状态及压缩机部件的兼容性问题会引起压缩环节、储存环节氢气泄漏；软管密封、拉断阀问题会导致加注环节产生安全隐患；安全管理不到位会增大事故发生的可能性。

（2）加氢站安全防护措施不足。加强加氢站安全防护措施，开发氢气泄漏监测系统，从而及时检测氢气的泄漏并进行定位，隔离气源，降低事故严重程度，设置快速发现泄漏的监测系统是保障加氢站安全的重要措施。例如，科学布置氢气传感器，及时探测氢气泄漏，为隔离气源、降低氢气释放量赢得时间，并运用智能算法进行定位，便于事故后进行设备检修。在加氢站的设计规划阶段，选择合适的建筑结构避免氢气聚集，同时设置机械与自然通风，尽快吹散气云。在加氢站的运行监管阶段，由于涉及人工运维，须制定严格的监督措施和科学的管理方法。为防止氢气泄漏，应及时排查、发现系统薄弱环节，改进设备；同时，为避免泄漏氢气被点燃，应制定严禁烟火等安全制度。建设氢能设施安全综合评价平台，为加氢站的全生命周期安全管理提供技术支持，为加氢站提供安全保障。

（3）人员现场操作和管理制度问题。氢气无色无味、易燃易爆的性质导致加氢站成为高危场所，调试运行现场极易出现氢气泄漏的可能，如果操作失误或者现场处置不当，很容易出现安全问题。已有的标准已基本覆盖加氢站建设及运行等各环节，不按照标准执行、现场作业不规范操作、管理制度不健全、监管缺失等都可能导致严重的后果。

大多数工业企业面临项目占地面积紧张的局面。从安全角度，相关规范或标准都对加氢站的选址、安全距离有明确规定，这对保障用户侧用氢的安全提出了更高要求。

在政策法规方面，从鼓励电动汽车发展向增加安全防护要求过渡，防止企业盲目追求电池能量密度。例如，某车企为了追求长续航改变了电池技术路线，但同时电动汽车电池配套的安全技术不达标，导致安全风险增大，带来的后果将由社会买单。建立灾前、灾中、灾后立体防控体系，包括充电站侧数据风险预警、车辆侧数据风险预警、熔断器快速保护、充电站事故防扩散及消防灭火等。开发设备级、电站级及系统级防控技术，同时完善管理机制。

5.4　主要发达国家综合能源站安全风险防控现状及启示

5.4.1　主要发达国家综合能源站安全风险防控现状

多能互补综合能源系统可在大型建筑或一定区域内科学有效地整合煤炭、石油、天然气、电能、热能等传统能源，以及太阳能、风能、潮汐能等多种新能源，对多种能量协调规划、优化运行、协同管理和互补互济有着重要意义。此外，多能互补综合能源系统打破了多种异质能源子系统之间单独规划运行的既有格局，以满足区域内用户用能多元化需求为前提，通过创新管理模式和采用先进的物理信息技术，有效提升能源利用效率。多能互补综合能源系统势必成为未来能源系统的主要形态。综合能源站是多能互补综合能源系统的主要形式，也是多能互补网络的基本构成单元，其安全运行是未来终端能源供应的重要保障。

随着各能源子系统间的耦合程度不断增加，单一能源子系统内部扰动所引起的冲击经由多种类型耦合元件扩散和传递，会直接威胁整个多能互补综合能源系统的安全运行。电力系统与子系统的紧密耦合使得多能互补综合能源系统更加复杂，给多能互补综合能源系统安全运行带来了潜在危机。与单一能源子系统相比，多能互补综合能源系统更为复杂，除需满足各子系统的安全约束外，还需满足整体性安全约束。此外，多能互补综合能源系统具有更严密的耦合约束、更复杂的扰动类型及更复杂的能量传递特性。目前，世界各国虽然初步提出了多能互补综合能源系统的设想，描绘了多能互补综合能源系统的蓝图，但是针对用户侧多能互补综合能源系统故障识别诊断等安全管理技术的研究仍停留在初步探索阶段，缺乏系统性的理论研究指导。

在标准方面，综合能源站内的主要设备（如燃气轮机、燃气内燃机、溴化锂吸收式制冷机、热泵、分布式光伏、储能）均具有相关技术及安全标准，如针对燃气轮机的 ISO 19859—2016《燃气轮机应用：发电要求》（*Gas Turbine Applications—Requirements for Power Generation*），针对热泵机组的 ISO 系列标准《建筑供暖和制冷系统：热泵系统性能计算方法和系统设计》（*Heating and Cooling Systems in Buildings—Method for Calculation of the System Performance and System Design for Heat Pump Systems*），针对分布式光伏的 IEC 系列标准《光伏器件》（*Photovoltaic Devices*）。针对综合能源站的相关标准暂未制定，较为相近的多为建筑能源系统相关标准，如 ASTM E2797—2015《涉及房地产交易的建筑物能源表现评估标准操作规程》(*Standard Practice for Building Energy Performance Assessment for a Building Involved in a Real Estate Transaction*)。

在技术研究方面,目前的研究多从模型架构、功能机制、通信业务等方面进行系统的安全防护。王丹等(2019)基于安全博弈理论,分析辨识综合能源系统安全运行的关键影响因素,将其作为安全防御的薄弱环节,制定防御策略并重点防护。李朝阳等(2020)归纳面向电网的攻防分布体系,提出了一种基于决策实验室分析法和攻击防御树模型的综合能源系统信息安全风险分析方法,实现电网技术人员针对性配置安全策略,确保多种能源在源输-储-荷各环节稳定运行。Sani 等(2018)提出了一个能源互联网(energy internet,EI)安全框架,由基于身份验证的安全机制、安全通信协议和能源管理智能安全系统认证能源互联网的安全性和隐私性,并采用博弈论的纳什(Nash)均衡原理对智能安全系统进行评估。

5.4.2　对我国综合能源站安全监管与应急管理体系建设的启示

总体上,国外针对单一能源系统或设备的安全标准已较为完善,但针对多种能源系统耦合的综合能源系统及综合能源站,仅对建筑能源系统这一典型场景制定了相关标准,综合能源站的整体安全运行及综合能源系统的整体安全分析、连锁故障分析等技术标准较为缺失,无法满足未来综合能源系统及综合能源站的建设及运行需要。

第6章 我国中长期新能源应用基础设施安全风险防控战略

6.1 战略思路

以习近平新时代中国特色社会主义思想为指引，全面贯彻落实党的二十大精神，以推动高质量发展为主题，以新能源应用基础设施安全为主线，以风险防控为核心手段，深入实施发展新能源产业的国家战略，突破安全风险防控核心技术，提升基础设施应用的公共安全风险防控能力，构建新型基础设施安全产业生态，完善基础设施安全监管与应急保障体系，优化新能源应用基础设施发展环境，保障我国新能源应用基础设施的安全健康发展，助力我国能源转型的平稳、安全、有序进行。

6.2 战略目标

我国中长期新能源应用基础设施安全风险防控战略总体目标如下：建立事故前、中、后立体防控和保障体系，提出不同层次的安全风险防控目标、任务和具体策略，加强各利益相关方的安全风险管理和监管能力，保障新能源应用基础设施平稳、安全、有序发展，降低安全问题对新能源应用基础设施健康发展的影响和束缚。在防控策略方面，加快明确新能源应用基础设施故障机理，实现安全事故不扩大、不蔓延，不造成人员伤亡；在监管体系方面，提升行业自律水平，落实运营商对新能源应用基础设施安全防控的主体责任；在社会层面，加强新能源基础设施安全风险社会监督，提高公众安全防控意识。

具体分领域目标如下。

1. 充电站

促进充电设施安全稳定运行，保障电动汽车行业健康发展。近期建立灾前、灾中、灾后立体防控体系，包括充电站侧数据风险预警、车辆侧数据风险预警、熔断器快速保护、充电站事故防扩散及消防灭火等。远期在政府监管、行业引导方面建立安全防控保障体系。

2. 储能电站

新型储能预警、防护、消防解决方案的有效性得到验证，相关措施及产品取得工程应用，储能电站安全生产责任制全面落实，确保储能系统火灾事故不扩大、不蔓延，不造成人员伤亡；建立健全储能全产业链技术标准体系，建成新型储能全流程检测和认证体系；推动建立储能设备制造、建设安装、运行监测的安全管理体系。

长期来看，储能预警、防护、消防解决方案成熟，获得大规模推广应用，储能系统故障不引发起火事故；新型储能标准体系满足储能商业化发展需求，全流程新型储能检测和认证体系完备，储能设备制造、建设安装、运行监测的安全管理体系完备。

3. 加氢站

通过加氢站基础设施安全风险评估及预防措施技术突破，提升安全预测、防护技术水平，建立加氢站安全监控与评价体系。加强加氢站安全管理顶层设计，强化加氢站运行安全风险意识，制定切实可行的安全风险防范规章制度，建设加氢站运营监测体系，实现加氢站实时监测和分析预警。

4. 综合能源站

推动综合能源站设备制造、安全设计及运维作业流程的标准化及信息化，挖掘能源大数据价值作用，实现综合能源站安全风险的预先发现与治理，提升多种能源系统、多风险源耦合后的整体安全性；建立安全防控框架，应对综合能源站形态快速发展的形势。

6.3 新能源应用基础设施安全风险防控重点任务与实施路径

6.3.1 重点任务

新能源应用基础设施安全风险防控重点任务如下：在国家层面，加大政策扶持力度；在高校层面，突破科学难点；在企业层面，解决技术难题；在个人层面，严格遵照标准。

6.3.2 具体路径

开展本质安全风险防控技术攻关，建立全流程技术与运行监督管理机制，强化公共安全保障体系建设。

（1）持续优化新能源应用基础设施的安全管理体系，明确各环节安全责任主体及安全管理职责划分，完善基于新能源应用基础设施技术升级和安全性的检测认证和监督体系，建设并运维好新能源应用基础设施安全监测信息平台。①在社会层面（用户），加强新能源基础设施安全风险社会监督，提高公众安全防控意识；②在政府层面，加强安全监管，出台相应政策，建立新能源应用基础设施安全风险监控与保障平台，统计并发布基础设施安全生产信息，定期开展基础设施运行安全事故统计、分析、发布等反事故工作；③在行业层面，加强行业标准制定、宣贯，提高新能源应用基础设施相关企业技术水平，从源头加强安全防控水平，加强行业自律水平；④在企业层面，运营商要对新能源应用基础设施安全防控负责，建立合理完善的电池选型和检测体系，电网企业加强储能电站、充电站等设施的并网检测，对于不符合安全要求的，不予并网。

（2）加强本质安全防控技术创新能力，建立事故前、中、后立体防控体系。针对不同类型的基础设施开展风险防控技术分析，明确安全风险防控的基本原则；提出不同层次的安全风险防控目标、任务和具体策略；借鉴国外经验，加强风险预测预警、安全防护、应急管理（消防）技术研究，建立立体防控和保障体系。

在本质安全方面，分析事故成因和诱因，针对性地提出单体防控策略，研究储能电站、氢能基础设施、充电桩、油气氢综合能源站等新能源应用基础设施故障机理（泄漏、燃烧、爆炸、扩散等）、失效模型、手段控制技术，开展风险评价、事故影响分析；健全安全标准体系，制定安全系列标准；实现加氢站等关键技术装备国产化。

在公共安全方面，坚持"防蔓延、防扩散、防火烧连营"的基本原则，不造成人员伤亡、供能中断，缩小风险影响范围；实现大规模电动汽车有序充换电，减少用电安全隐患；注重新兴基础设施安全风险的交叉影响及多风险源的耦合问题，如油气站与充电站合建问题。

6.4 充电站安全风险防控重点任务与实施路径

6.4.1 重点任务

1. 企业

企业要严格按照相关法律、法规和标准开展新建充电站设计与已有充电站维护工作。履行社会责任和安全保护义务，应用充电站实时安全状态监控技术，提升企业监测平台效能，确保充电站安全稳定运行。提高售后服务能力，做好事故应急响应处置工作。当发生安全事故时，企业应能够及时上报并积极配合展开事故调查，深入研判事故原因，按照相关要求及时、完整、准确地提交事故相关数据及分析报告，避免类似事故再次发生。

2. 行业

行业组织要充分发挥行业自律、技术支撑与行业协调作用，鼓励行业研究建立并完善新能源汽车和充电运营企业产品质量安全评价体系，引导行业良性竞争、健康发展。充分发挥社会舆论监督作用，为新能源汽车安全发展营造良好氛围。加强用户安全教育及服务人员安全培训，能够正确应对危急情况。

3. 政府

政府要建立行业监管职能部门，简化监督实施组织和过程。健全新能源汽车、充电基础设施安全监管体系，进一步压实新能源汽车生产企业主体责任。指导企业健全安全管理机制，强化产品质量保障能力，满足国家关于汽车数据安全、网络安全、个人信息安全及在线升级等管理要求。充分发挥督导和市场监督作用，正确引导企业良性竞争，宣扬先进典型，适时曝光负面案例，保障行业健康发展。

6.4.2　具体路径

（1）强化组织保障。企业要明确新能源汽车安全管理的负责部门，统筹推进本企业安全体系建设。

（2）规范产品安全性设计。企业要制定产品安全性设计指导文件，并根据已销售车辆暴露的安全问题持续修订完善相关文件。

（3）强化供应商管理。企业要对动力电池、驱动电机及整车控制系统等关键零部件供应商提出明确的产品安全指标要求，制定供应商质量体系评价制度，强化供应商评估。

（4）提高动力电池安全水平。企业要积极与动力电池供应商开展设计协同，持续优化整车与动力电池的安全性匹配及热管理策略，明确动力电池使用安全边界，提高动力电池在碰撞、振动、挤压、浸水、充放电异常等状态下的安全防护能力。

（5）加强服务网点建设。企业要合理布局售后服务网点和动力电池回收服务网点，不断完善新能源汽车专用检测工具与设备，提升服务人员安全服务意识，确保各服务网点具有必要的售后服务和应急处理能力。

（6）深化事故调查分析。企业要加强事故报告和深化调查分析，当车辆发生起火燃烧、涉嫌失控等安全事故时，应及时上报并积极配合开展事故调查，深入研判事故原因，按照相关要求及时、完整、准确地提交车辆事故相关数据、事故分析报告。

（7）强化数据安全保护。企业要切实履行数据安全保护义务，建立健全全流程数据安全管理制度，采取相应的技术措施和其他必要措施，保障数据安全。

（8）营造良好氛围。行业组织要充分发挥行业自律和技术支撑作用。

1. 本质安全风险防控技术

1）充电设备

满足多种场景下的预警装置互联互通需求。满足居民区、商业区和工业区多场景需求，实现充电数据的实时交互和评估。

基于《非车载传导式充电机与电动汽车之间的数字通信协议》（GB/T 27930—2023），监测充电开始、充电配置、充电过程和充电结束等过程的关键信息，分别获取桩输出电压及输出电流、车需求电压及需求电流、动力蓄电池类型、车型、车辆总电量、车辆充电状态（state of charge，SOC）、是否告警、电池最高温度、电池最低温度、已充电量、充电模式及输出功率等参数。

通过对故障状态或安全异常状态下记录的故障数据进行深度分析，并在实验室模拟故障或异常状态，提取关键特征量，为充电过程安全预警提供支撑；对不同品牌、型号充电桩的故障数据进行横向对比分析，提炼差异点，为故障及安全特征库的进一步细化提供支撑。

2）充电站

改进电动汽车充电站设计标准。新标准应充分考虑充电站在消防给水、排烟、救援通道、防火间隔等方面的实际需求，增强充电站对站内电动汽车火灾事故的感知能力、处置能力，降低事故发生时的救援难度，减少事故损失。

在充电系统方面，普及电动汽车充电预警防护系统。系统可按照设备接入层、预警防护层、本地服务器层、云端服务器层和安全防护平台部署，采用云存储、云计算、大数据和人工智能技术，具备分布式、数字化、智能化特征，满足多场景需求，实现重要数据的可视化、大数据分析和充电安全预警等功能。

在环境方面，推广应用环境友好，满足居民区、企事业单位、商超、省道、高速公路的各类充电需求的小功率慢充桩、快充桩及超级桩等。建立车企平台、桩企平台及各级监管平台通信体系，对事故火灾进行第三方独立调查并公布结论，共同构筑电动汽车安全充电网络，满足未来大规模电动汽车充电需求。

2. 全流程安全监督管理机制

（1）规划布局。充分调研国外先进经验，论证充电方式与充电安全的关联性，统筹城市充电站布局与人、车、网和路的耦合性,考虑城市长远期发展,合理、合规、有序地开展充电规划布局。进一步优化中心城区公共充电网络布局,鼓励充电运营企业通过新建、改建、扩容、迁移等方式逐步优化充电设施布局。

（2）并网接入。电网企业要做好电网规划与充电设施规划的衔接工作,引导充电桩企业严格按照入网条件设计充电桩。

（3）充电站建设运维。充电设施业主、居住社区管理单位、售后维保单位等应加强充电设施安全管理,及时发现、消除安全隐患。建设、设计、施工、监理单位严格把关建设安装质量安全。

（4）管理制度。严格按照相关法规要求,落实各方安全责任,建立并完善各级安全管理机制,加强充电设施运营安全监管,强化社区用电安全管理。建立充电站管理制度体系;制定工作人员操作手册,加强业务人员从业安全培训。建立公开透明的供应商质量体系评价制度,强化供应商评估。建立"僵尸企业"和"僵尸桩"退出机制,支持优势企业兼并重组、做大做强。强化汽车、电池和充电设施生产企业产品质量安全责任,规范汽车电池管理系统信息的完整性。

（5）标准规范。建立车-桩-网-环境标准规范体系,提高准入门槛,开展由行业协会主导的标准化工作,提升相关产品的一致性、互操作性和兼容性,对车企入市的电动汽车开展相关检验,提升电池管理系统信息的完整性。在加油站、加气站建设安装的充电设施应严格按照相关生产运营规定布置。

（6）监管平台。加快建立国家、省、市三级监管平台体系,打破聚合商隔阂,建立公平、公正、透明的充电站运营商评价体系,公示不良运营商。扩大监管平台覆盖城市范围,逐步建成纵向贯通、横向协同的国家、省、市三级充电设施监管平台体系,完善数据服务、安全监管、运行分析等功能,推进跨平台安全预警信息交换共享。设置电动汽车充电站行业监管职能部门,统一监管机制与政策实施主体,简化监管流程,减轻企业负担。

3. 公共安全保障体系建设

从事故预警、安防设施、应急管理、事故处置、科普教育等方面提出具体路径。

（1）事故预警。建立充电站安全生产事故应急预案,实行充电桩强制检验,强制建设充电站安全预警平台和事故处理机制。对充电站设置专职安全责任人,确保责任到人。

（2）安防设施。在充电站的供电区、充电区、电池更换区、营业窗口等位置设置监控摄像机。安防监控系统与报警系统实现联动,发生报警时自动触发录像并弹出报警区域摄像机的图像。安防设施具备火灾报警、时间监测、温湿度监测、充电桩异常信息监测和安防报警异常信息上传功能。

（3）应急管理。充电运营企业要完善充电设备运维体系，通过智能化和数字化手段，提升设备可用率和故障处理能力。鼓励停车场与充电运营企业创新技术与管理措施，引导燃油汽车与新能源汽车分区停放，维护良好的充电秩序。

（4）事故处置。通过业务培训提升业务人员的事故处置能力；建立火灾事故调查处理、溯源机制；鼓励相关安全责任保险推广应用。

（5）科普教育。面向多群体开展充电桩设计、运营安全防护知识宣传，普及充电站安全充电、灭火知识，以及充电技术的发展和趋势。

6.5　储能电站安全风险防控重点任务与实施路径

6.5.1　重点任务

1. 企业

（1）储能系统生产企业。生产企业对主要设备严把质量关，满足国家和行业标准要求，并由检测认证机构检验合格。储能电站的电池（单体、模块和簇）、储能变流器、电池管理系统等应具有检测认证机构出具的产品认证证书和型式试验报告。生产企业要制定产品安全性设计指导文件，并根据已暴露的安全问题持续修订完善相关文件，提高储能电站安全水平。

（2）储能电站建设企业。建设企业应按照相关规定选择具有相应等级资质的单位开展储能电站的新建、改建和扩建项目咨询、设计、施工和监理工作，依法办理工程质量监督手续，并组织竣工验收。建设企业应对储能电站的电池、储能变流器等主要设备开展到货抽检或驻厂监造工作，确保相关产品满足国家和行业标准安全性能技术要求。

（3）电网企业。电网企业按照有关标准和规范要求建立与完善接入电网程序，明确并网调试和验收流程，按照接入电网条件和标准提供接入电网服务，配合开展并网调试及验收工作。

（4）储能电站建设单位、勘察设计单位、施工单位、监理单位及其他与建设工程施工安全有关的单位。相关单位遵守国家关于安全生产的法律法规和标准规范，建立健全安全生产保证体系和监督体系，建立安全生产责任制和安全生产规章制度，保证储能电站建设工程施工安全，依法承担安全生产责任。

2. 行业

行业组织要充分发挥行业自律、技术支撑与行业协调作用，鼓励行业研究建立并完善储能电站企业产品质量安全评价体系，引导行业良性竞争、健康发展。充分发挥社会舆论监督作用，为储能电站的安全发展营造良好氛围。加强用户安全教育及服务人员安全培训，能够正确应对危急情况。

3. 政府

建立行业监管职能部门，简化监督实施组织和过程。健全储能电池、储能变流器、能量管理系统及储能电站的安全监管体系。指导企业健全安全管理机制，强化产品质量保障能力；建设国家级电化学储能电站安全监测信息平台，充分挖掘电化学储能电站数据资产价值，提供储能电站辅助预警、控制策略优化、辅助决策等大数据分析服务，支撑储能电站业主生产经营管理，辅助政府部门制定安全监管政策；储能电站充分发挥督导和市场监督作用，正确引导企业良性竞争，宣扬先进典型，适时曝光负面案例，保障行业健康发展。

具体任务如下。

（1）健全安全生产管理制度体系。我国亟须建立满足电化学储能电站安全要求的标准体系，包括强制性国家标准，在此基础上逐步推动储能产品、储能电站的强制安全认证。通过强制安全认证手段，能够客观公正地评价不同储能产品、储能电站的安全水平，从而设定安全门槛，促进整个储能行业安全水平的提升。结合储能电站全过程业务内容，进一步明确储能电站管理的职责分工。

（2）强化在运和规范新建储能电站安全管理。针对不同接入环节、投资主体等特点，明确储能电站运维服务方式和运维主体单位，规范投运、停运、复役安全管理，严格履行相关评估、审核、备案程序。明确项目投资原则和管理要求，加强电站设计及电池选型管理，规范开展设备型式试验和到货抽检，加强电站验收管理，从源头上提高安全保障水平。

（3）加大安全技术研究力度。开展储能电站安全新技术研究和工程化推广应用，重点研究储能设施全生命周期应用安全技术、储能设施安全状态在线感知及诊断技术、高效电-热管理技术、基于电池状态准确感知的储能电站安全预警技术。研究规模化储能设施火灾特征、演变机制及防止热失控蔓延阻隔防护技术，储能电池快速灭火且长效复燃抑制的清洁高效灭火技术，验证并优化完善现有储能电池灭火技术。

（4）加强储能专业技能人才培养。重视对储能一线作业人才的培养，包括负责储能设备运输、安装、调试运维、消防的一线作业人员。一线作业人员对锂电储能系统要有足够的理论认知和实际操作技能，在日常维护中能够敏锐地发现问题与隐患，面对突发问题时能够采取正确的处理措施，避免小问题发展成大事故。对关键岗位的储能一线作业人员进行专业培训和考核，持证上岗。

6.5.2　具体路径

1. 本质安全风险防控技术

（1）储能设备安全风险防控。储能电池作为一个内部是化学体系的能量载体，具有不同于传统光伏发电、风电等行业零部件的特殊性，其以容量为代表的电性能与其安全性有着强关联。电池的安全是相对的，不安全是绝对的，随着电池不断老化，安全风险增加，主动降容量等降参数使用能起到一定的延缓作用，但仍存在量化关系不确定的风险，且牺牲了用户权益。电池电性能的衰减伴随着电池安全性能的衰减，电池的安全性能检测评价必须以电性能处于正常状态为前提，明确电池的基本性能状态正常、关键工作参数符合相关要求或承诺值，如果不关注电池的容量等电性能状态，仅通过有限的安全性能检验无法充分判断电池安全风险，必须辅以对电性能的检测评价来综合研判。因此，需要对电池储能提出全流程严格检验的要求，将标准要求传导至电池设计和批量生产环节，形成各环节管理的衔接和闭环，才能保障投运的电池质量和安全状态，降低应用时的安全隐患。

（2）储能系统安全风险防控。储能系统的安全风险不同于储能电池，除了与储能电池本征安全密切相关，还与储能系统安全防护方案有关。现阶段，主流工程应用针对电池电滥用采取的防护手段主要有系统集成熔断器与直流断路器、优化绝缘设计等；针对电池热滥用采取的抑制手段大致可以分为隔热和散热两种，辅以急速冷却的手段应对热失控扩散风险。但这些安全防护手段的有效性难以评估，每个储能项目采取的防护策略均有差别，每个厂商给出的指标种类繁多，各指标对于防护效能的相关度不同，并不能很好地反映实际应用中的安全防护性能，且对于各类防护性能指标尚无统一的测试方法，难以真实、准确地评测电池储能安全防护有效性。

（3）储能电站安全风险防控。储能电站安全风险防控主要关注储能系统本身的安全问题是否引发电站内其他电气设备、建筑物的火灾。目前《电化学储能电站设计规范》里明确提出了储能电站的安全设计要求，包括防火间距、消防系统灭火等。

2. 技术与运行监督管理机制

明确安全管理责任划分，建设储能安全管控体系。依据国家法规，督促储能建设单位落实安全主体责任，协助政府能源管理部门加强储能电站涉网安全管理。一是对公司系统内的单位投资建设的储能项目，公司应监督系统内单位建立安全风险分级管控制度和事故隐患排查治理制度，加强设计、采购、建设、验收、运行、拆除等各环节全过程安全管控与监督，对电池储能的质量与安全进行包括型式试验、性能等级评价、实际供货批次抽检、并网检测、运行考核检测在内的全流程检验。对于社会投资用户侧储能项目，公司应严格把关并网条件，在并网前检查储能电池等核心部件是否具有有效的型式试验合格报告、性能等级评价证书、实际供货批次的抽检合格报告、储能系统/电站并网检测合格报告，是否满足并网相关要求，提交备案资料（运行模式、接入方案等）是否齐备等，在并网协议中明确电站安全调度区间，并严格执行。二是在储能并网运行期间，加强储能系统运行状态在线监测，定期开展储能系统使用期间的容量衰减和能量效率等运行考核检测，建立储能运行检测和评价机制。依据《电化学储能电站安全风险隐患专项整治工作方案》，对于存在安全风险隐患未整改的用户侧储能电站，暂停其并网业务。

针对目前我国储能部件、储能系统的安全质量问题，强化储能标准的执行力度，加强储能标准验证试验能力建设。建议国家进一步强化电化学储能核心标准实施力度。主管部门下的各专业管理部门负责推动领域内相关标准的严格执行，对执行情况进行评估和监督。推动国家出台有关政策规范，明确储能电站核心部件、系统设备到整站均通过具有资质的检测机构全流程闭环检测后方可接入电网等管理要求。

建立储能技术与运行监督管理机制。建立合理完善的电池选型和检测体系，促进新型储能安全、稳定运行，完善运行监督考核措施并强化监管力度。新投运储能项目须开展电池单体、电池模块、电池管理系统到货抽检及储能电站并网检测，检测不符合要求的不予并网；在运储能项目须开展在线运行性能监测和评价，定期进行抽检及监督检查，不符合要求的应予以整改，并增加对储能电池的高/低电压穿越、电网适应性、充放电性能、过载性能、额定能量等涉网性能相关测试要求。持续优化储能电站的安全管理体系，明确各环节安全责任主体及安全管理职责划分，完善基于储能项目技术升级和安全性的检测认证与监督体系，建设并运维好电化学储能电站安全监测信息平台。

3. 公共安全保障体系建设

（1）事故预警。建立储能电站安全生产事故应急预案，严格实行储能电站关键部件的抽检制度，强制建设储能电站安全预警平台和事故处理机制。对储能电站设置专职安全责任人，确保责任到人。

（2）安防设施。储能电站的预制舱设置监控摄像机、烟雾报警器。安防监控系统与报警系统实现联动，发生报警时自动触发录像并弹出报警区域摄像机的图像。安防设施具备火灾报警、时间监测、温湿度监测、充电桩异常信息监测和安防报警异常信息上传等功能。

（3）应急管理。储能电站运营企业要完善储能电站设备的运维体系，通过智能化和数字化手段，提升设备可用率和故障处理能力。建立储能数据管理云平台以提升集中管控能力，制定应急处理预案和流程，更好地和现场协同，提升相关部分的应急管理能力。

（4）事故处置。根据事故类型建立事故现场处理方案，如能量管理系统报警、温度过高、火灾爆炸等故障或事故的现场处理方案；通过业务培训和实际演练提升从业人员的事故处置能力；建立火灾事故调查处理、溯源机制；鼓励相关安全责任保险推广应用。

（5）科普教育。面向消防员及储能电站设计、安装、施工等工作人员开展储能电站热失控机理及其火灾危害性的科普工作，让其充分认识到储能电站的危险性；做好相关消防安全及安全防护知识科普宣传工作，做到治病于未病，防患于未然；开展储能在线学习课堂，构建储能安全知识库，开展储能安全知识培训及技能鉴定，搭建储能知识分享互动平台。

6.6　氢能基础设施安全风险防控重点任务与实施路径

6.6.1　重点任务

（1）行业完善加氢站标准体系与管理体系。学习借鉴国外加氢站相关标准，制定和完善适合我国具体国情的加氢站审批、建设、运营、安全管理的法规标准体系。优化加氢站工艺控制，规范加氢站操作流程，提高安全监测与安全防护能力，保障储氢、用氢过程安全。建立加氢站监测预警平台，对加氢站运行状态进行实时动态监测；做好应急预案，及时应对各种突发情况；构建监管体系，保障加氢站安全运行。

（2）政府规范加氢站建站审批流程。国家尚无明确的加氢站建站审批流程，各地的相关部门均在探索。加氢站建站审批流程一般包括立项阶段与报建阶段。从国家层面考虑，在充分调研并结合现有的审批管理办法后，出台全国统一的、能有效实施的加氢站审批管理规定。由于气体性质相似，可参照燃气车辆加气站的审批流程来制定加氢站的审批流程。同时，精简审批环节，建议将性质相同或类似的环节合并，如立项阶段的选址和核准，报建阶段的各种审查等。

（3）多方构建氢能产业良好生态环境。推广风电、水电等可再生能源制氢技术，建设以制氢企业为中心的加氢站网络，推进液氢储存型加氢站等具有未来发展趋势的加氢站建设进程。通过提高充装压力（如将加注压力从 35MPa 提升到 70MPa），研发液氢加氢站或者深冷高压充装加氢站，实现更高的氢能利用率，提升氢运输和加注效率。做好加氢站网络布局，满足氢燃料电池汽车的出行需求。研究氢油合建站和氢电合建站模式，充分发挥网点优势，提高土地利用率，减少立项审批中的规划、布局等环节。在燃料电池储能和分布式发电等领域，开发氢能利用的多样场景。建立良好的氢能产业生态环境，加速加氢站规模化、产业化进程。

（4）设备企业实现关键技术国产化。加氢站规模化发展的关键在于技术和设备国产化，重点需突破液氢制取储存技术（如 75MPa 以上高压储氢技术），提高气氢容器储氢压力，实现液氢储运关键装备国产化目标。聚焦制约加氢站发展的关键技术并开展攻关，如氢压缩机、加氢机关键技术，研发加氢站工艺设备，实现加氢站关键设备自主生产，降低建站及运营的成本。

6.6.2　具体路径

1. 本质安全风险防控技术

1）加氢站等级划分方面

《加氢站技术规范》对加氢站的等级划分进行了规定，加氢站内储氢罐的容量根据氢气来源、燃料电池汽车数量、每辆车充装氢气容量及充装时间而定，明确规定在城市建成区域不应建立一级加氢站、一级气氢合建站和一级油氢合建站。当加氢站与加油站合建时，城市建成区域的油氢合建站加氢部分能力只能是三级。加氢站内储氢罐容量根据需加注氢气的质量、加注频率和氢源供应状况等因素确定，储氢罐容积越大，其潜在危险越大，对周围建筑物、构筑物可能产生的影响程度越大。目前，针对日加注氢气量为1000kg 的油氢合建站，大多采用离站制氢模式，站内设置固定储氢罐及可移动的长管拖车，其中，固定储氢罐储氢容量一般为400～650kg，每辆长管拖车的储氢量为250～460kg，卸气时间为3～5h，针对燃料电池车快速发展趋势，用氢量急剧增加，为满足高峰时段氢气加注需求，需要在站停放两辆长管拖车，这样在站的氢气储氢罐总容量就超过了1000kg，按照《加氢站技术规范》，油氢合建站的加氢部分能力上升为一级，因此不能在城市建成区域建设，从实际需求和安全角度出发，可以将三级加氢站的罐总容量适当提高到2000kg，单罐容量仍然不超过500kg。

2）控制加氢站设施之间的防火距离方面

《加氢站技术规范》对加氢站的总平面布置做出了明确规定。另外，《氢气站设计规范》规定了氢气站工艺装置内设备、建筑物平面布置防火间距，控制室、变配电室、生活辅助间与氢气压缩机或氢气压缩机间、装置内氢气罐、氢灌瓶间或氢实（空）瓶间的距离均为15m。加氢站压缩机一般采取撬装方式，可以缩小占地面积、节省设备安装时间，因此将氢气压缩机撬装设备在防火安全间距上视为制氢间，氢气压缩机撬与站房的间距应不小于 15m。

3）氢气管道设置方面

氢气管道是加氢站内的主要工艺管道，是连接长管拖车、氢气压缩机、储氢罐/瓶、加氢机的核心部件。氢气管线的布置主要有管沟、管架两种方式。为了安装、检修、日常巡检及车辆行人通行方便，采用管线明沟敷设。采用明沟敷设管线可以防止沟内积聚或积存氢气死角，避免引发着火爆炸的危险，同时明沟不应设置盖板，当必须设置盖板时应采用通气良好的盖板。另外，《加氢站技术规范》的 6.5.6 条款的第 1 条规定，站区内氢气管道明沟敷设时，不得与除氮气管道外的其他管线共沟敷设，此条款是强制条款，必须严格执行。对加氢站，除氢气管线外还设置氮气吹扫、放空管线及冷却水或冷却液管线，依据此条款，加氢站不得不设置两个管沟，分别敷设氢气管线和其他公用工程管线，该条款条文解释为氢气管道不得与空气、汽水管道等无关管道共沟敷设以避免在明沟内出现明火作业，在加氢站实际运行过程中，如果需要在管沟内动火作业，加氢站会停止供应氢气且氢气管道内的气体在必要时放空处理，这样公用工程或其他辅助管道与氢气管道同时投用、同时停用，提高加氢站运行的安全性。

4）氢气压缩机设置方面

《加氢站技术规范》的 6.2.3 条款规定，加氢站宜设置备用氢气压缩机，一般而言，石油化工连续操作的压缩机、泵等动设备均要求设置备用设备，防止一台设备出现故障影响整个装置的连续运行。

在建筑及安全设施方面，加氢站的火灾危险类别归为甲类，站内有爆炸危险房间和区域的爆炸危险等级为 1 区或 2 区，主要是鉴于氢气的密度小，只有空气的 1/14。氢气易于扩散，容易在房间的上部空间积聚，若不能及时排出，可能逐渐积聚达到爆炸极限，从而引起着火乃至爆炸事故。当因建筑结构设计的需要，顶棚内表面有肋条时，应在设计施工时在肋条上预留孔洞，避免形成死角。对于油氢、气氢合建站，原加油加气机上部均设置罩棚，可以充分利用现有的加油站、加气站罩棚结构，对其进行简单的通风透气改造。有爆炸危险房间或区域内的地坪应采用不发生火花地面。

2. 全流程安全监督管理机制

完善安全监管体系，统筹保障环节联动。只有持续满足制氢、运氢、储氢、加氢、用氢等全生命周期过程中的安全要求，才能从根源上消除公众对氢能使用的不认可，从而促进燃料电池汽车的大规模推广。对标国外加氢站建设标准和流程，制定符合我国国情的加氢站审批建设、运营管理、安全监管等方面的国家强制性标准；优化加氢站站控系统，确保加氢站内工艺流程有序进行，规范加氢站操作流程，提升氢气安全检测能力，确保储氢用氢安全；设立统一运营管理及安全监管平台，实时监控加氢站技术与运营数据，实现对加氢站运行状态的动态监管；做好应急预案，及时有效地处理各种突发情况；构建安全可控的监管保障体系，统筹保障各环节安全联动，护航加氢站健康发展。

3. 公共安全保障体系建设

完善监测监管体系。安全是加氢站发展过程中的重中之重。高要求的标准规范、严质量的检测认证及全流程的监测监管是加氢站安全运营的重要保障。现行加氢站建设安全要求大体依据《加氢站安全技术规范》，具体安全要求、操作流程等细节还有待完善，同时尚缺乏商业化运营的标准。

明晰审批流程。加氢站的首要环节即立项审批，首先存在争议的是氢气应归属于危险化学品管理，还是归属于能源管理。危险化学品建站审批流程复杂，准入条件苛刻，能源建站审批流程简单，但在安全问题上存在隐患，部分发达国家已将氢能作为能源来管理。其次，加氢站建设用地应是商业用地还是工业用地，商业用地导致投资成本过高，工业用地使加氢站不能公开运营，从综合效益考虑往往得不到最优化布局方案。明确的立项审批流程可使加氢站快速布局，而目前加氢站建设速度缓慢，审批流程未明晰是制约其发展的一大要素。

完善供应链，推动燃料电池汽车发展。成熟的商业模式有利于加快实现加氢站市场化。加氢站未能有效商业化运营，一方面原因是加氢站供应链体系产业化尚未成形，另一方面原因是燃料电池汽车未能大规模示范推广。

6.7　综合能源站安全风险防控重点任务与实施路径

6.7.1　重点任务

在政府方面，需要组织和协调跨行业的综合能源站相关标准制定与验证，并开展对相关安全标准的执行与监督。

在行业方面，需要电力、建筑、暖通等行业进行联合攻关，开展不同行业关键技术与专家知识的融合，促进优势互补，形成综合能源系统安全管理及运行技术体系。

在企业方面，需要加强对综合能源站建设运行方案及设备质量的审核，加快综合能源智慧运维系统等相关信息化支撑工具的研发及应用。

6.7.2　具体路径

综合能源站主要安全风险包括各子系统风险，在多风险源、多能源系统、多时间尺度的聚合风险，以及多种能源介质传递风险。从本质安全来说，当前的主要防控路径聚焦于综合能源站的故障诊断及状态评价。

（1）综合能源站智慧运维。综合能源站的智慧运维主要是通过分析监测的数据，掌握设备运行状态、运行参数、运行指标、故障状态、检查维修状态，同时可通过资产管理，了解设备的相关资产信息等。故障报警主要是通过实时报警提醒、线上故障源快速定位，辅助检查维修人员快速找到故障源，有效缩短设备机组故障恢复时间，有助于园区随时掌握能源故障状态信息。

（2）综合能源站状态评价。状态量是直接或间接表征设备状况的各种技术指标、性能和运行情况等参数的总称，用来反映设备的技术性能。当状态量发生变化时，将状态量的变化程度进行量化，可以获知设备相应性能或运行情况变化的程度。根据状态量本身对于设备的安全运行的影响程度，制定相应的检修策略。

（3）综合能源站故障诊断。故障诊断就是利用观测到的信息，快速找出故障最可能的原因的过程。采用贝叶斯网络模型可实现逆向推理，即在故障已发生的情况下，推理故障最有可能的一个原因或几个原因的组合，同时给出因故障传播引起的更严重的故障可能，从而实现故障诊断。

以风机为例，单一故障包括电机停转、控制精度不足、功耗过大等，对风机电机组件、轴承组件、轮体组件进行仿真分析，并通过逻辑分析，建立风机故障模式与四个组件故障模式之间的关系。

基于贝叶斯网络模型，可计算各底层节点对特定故障的重要程度，即仅发生某特定故障，各底层事件发生的概率的占比，为生产过程提供指导。故障树分析法的结构化逻辑表达方式可以直观地表达连锁事件的发展路径，而且便于求取导致连锁事件的最小事件割集和连锁事件的发生概率，因此适于建立电力系统连锁故障事件表。同时，由于存在不确定因素，提前预测电力系统连锁故障时必然存在近似推理，模糊逻辑能充分利用专家的信息，且能表征人类自然语言，并可以恰当地解决许多近似推理问题。利用深度学习等人工智能算法，深度挖掘运行数据与各底层事件发生概率之间的关系。构建典型故障模式下的基于贝叶斯网络的故障树模型。

6.8　中长期新能源应用基础设施安全风险防控工程科技支撑

6.8.1　工程科技项目

（1）满足电力系统特殊应用需求的新型电力储能材料及本体技术研究。研究固态电解质/无机隔膜复合材料等高安全储能电池改性技术，提出适用于电力储能的高安全、高可靠的固态电池技术方案；研究高比能量电极材料和水系储能等电池关键材料，提出适用于电力储能的低成本非资源约束的新型电池材料体系，研发阻燃型储能电池电解液及低温电源电池，跟踪下一代储能电池最新技术进展；在高安全、长寿命、低成本储能本体技术方面取得突破，研发满足电力系统不同场景需求的多类型储能电源设备。

（2）大容量储能系统接入高压电网下的系统绝缘与安全防控研究。在储能电站规模化、高压化趋势下，现有安全防护技术已难以满足高压大容量储能电站的安全应用需求。基于海量电池集成系统的结构复杂性和材料多样性，储能系统面临高压电气故障侵入、电场分布不均、高频共模干扰及其耦合作用下的电池性能和安全失效风险。外部故障会从储能系统向储能单元、电池簇、电池模组、电池单体传递，造成储能电池安全问题。储能系统内部也存在电池热失控无法提前准确预知、开放式结构无法实现局部故障电池的隔离、消防措施无法实现火灾的早期扑救和复燃抑制等问题，导致电池内部热失控极易发展为系统级安全事故。系统安全防护与消防灭火技术水平尚不能完全满足储能规模化应用需求，亟须开展单体、模组、系统等级别多层安全防护策略研究，做好安全技术提升及消防方案开发，研究高效热设计及管理策略，做好功率达百兆瓦级及以上的系统安全可靠性技术开发。

（3）提升电网安全的规模化储能集成及应用技术研究及示范应用。面向电网灵活调节需求，大量的储能设备因规模化程度不足或并网电压等级过低难以纳入电网统一调控，储能的并网规模与并网电压等级仍需进一步提升。面向电网主动支撑需求，现阶段电流源形式并网的储能电站往往被动接受调控，电网扰动或故障时易脱网保护，缺乏主动支撑能力。此外，未来新型电力系统中源荷双向不确定性需要强确定性的调节手段进行平衡，而储能系统受储能电池运行不确定性影响，作为调节手段目前难以满足精准调控需求，难以支撑电网安全运行。需提升面向新型电力系统灵活调节和主动支撑能力，将热管理、电管理、安全管理等先进技术融入电池成组与系统集成中，研制高性能储能装置与系统；研究储能系统精准状态估计与动态成组技术，保障储能参与电网调度的出力确定性；研究大容量电压源化储能机组集成及高压并网技术，实现储能稳定控制与电网主动支撑；研究超大规模储能电站可靠集成和分布式储能高效汇聚技术，实现储能电网级灵活调节。

（4）储能电站主动安全防控体系构建及验证试验能力建设。研究电网故障/扰动、变流器故障在电池系统直流侧的传导与耦合机制，研究储能层级式故障保护原则，提出储能电站电网可靠接入与故障隔离方法。研究基于智能传感的电池故障预警技术，提出电池状态自适应的热失控故障预警方法。研究基于液冷电池模块的"高效降温＋阻燃隔热＋精准消防＋复燃抑制"安全防控体系协同运行策略，建立涵盖电池单体、电池模组、电池簇、储能单元、储能电站及电网，融合电网故障隔离、安全预警、高效散热、安全防护与消防一体化的五级主动安全防控体系。

（5）核心部件、系统并网及安全防护等评测能力构建及提升。研究储能产品性能检测与等级认证评价技术；研究储能核心部件性能与系统运行性能全耦合评测认证技术；研究储能全链条一体化互联可视试验平台；推进储能系统检测与实证平台建设，提升大容量储能系统并网性能和安全性能研究与检测评价实验能力；加快大容量全尺寸电池系统火灾试验平台建设，重点提升以储能系统整机为对象的检测能力，加强储能标准验证试验能力建设。

（6）储能电站标准体系构建及关键核心标准制定/修订。加快储能电站标准体系的构建，完善电化学储能技术标准体系；开展除电化学储能技术外的新型储能技术标准的制定，如压缩空气储能、飞轮储能、氢储能等技术的相关标准制定，建立包括各种储能技术、涵盖不同类型储能设备全寿命链条的标准体系；加强储能产品检测认证能力建设，重点提升以整机系统为对象的检测能力，推动建立国家级储能安全和质量认证机构。

（7）高安全、高稳定性加氢站关键部件及装备国产化技术研究。加氢站核心技术尚未突破、关键设备依赖进口，以及加氢站配套设备尚未产业化，致使建站成本居高不下。目前制氢来源渠道有限，电解水制氢、太阳能光解水制氢技术还有待突破；车用高纯氢提取技术发展相对缓慢；制氢与加氢环节必须严格分离；高压容器输送氢气的效率还有一定的提升空间；站内制氢加氢技术还未成熟；液氢储运经济性成本更优，但液态储氢、固态储氢等技术与国际水平还有较大差距；加氢站三大核心设备（氢气压缩机、高压储氢罐、氢气加注机）及部分关键零部件（如加氢枪）依赖进口，相比于日本、美国和欧洲采用与汽车配套的 70MPa 压力标准，我国燃料电池汽车车载供氢系统仍处于 35MPa 压力的技术水平，加注能力为 200kg 左右。需重点突破液氢制取储存技术、75MPa 以上高压储氢技术，提高气氢容器安全储氢压力，实现液氢储运关键装备国产化。

（8）加氢站氢系统综合风险评价及安全防控技术研究。氢泄漏/扩散/火灾/爆炸的基础模型不完善，工艺系统零部件的失效概率也需要实践积累，需建立加氢站的量化风险分析模型，为加氢站的设计提供科学依据。加氢站安全防护措施中电气元件应为防爆器件，采取可靠的防静电措施；设置排风排气装置，及时排出泄漏的氢气；加注模块应具备安全联锁功能和过压保护功能等。

（9）综合能源站安全风险评估关键技术研究。针对综合能源站多风险源、多时间尺度、多能源耦合的安全风险评估问题，以及缺乏相关运行数据支撑现状，应打破行业壁垒，设立多单位合作的关键技术研发项目。研究多数据融合、数据挖掘及知识图谱生成等能源大数据技术；研究高精度数字孪生建模、考虑可靠性的规划及运行优化等能源站系统优化技术；研究多能流状态估计、能源站设备状态评价等态势感知技术；研究故障定位与诊断、故障预警与预测性维护等故障诊断预警技术；研究多能源系统聚合风险评估技术。

（10）充电站安全防控关键技术研究。研究充电过程电动汽车安全状态在线评价技术，研究充电站电动汽车动力电池热失控及防护措施；研究大功率本质安全充电技术；研究区域级电动汽车充电安全监管体系，建立与行业监管信息、技术发展路径、风险特征相衔接的新能源汽车、充电设施保险制度，提升充电站安全防控水平。

6.8.2　工程科技建议

（1）设立专项科技项目支持储能安全相关研究，攻克储能安全预警、防护、消防技术难题。重点研究储能系统预警、防护、消防灭火技术，储能系统智能运维与故障分析处置技术，储能系统安全性能等级测试评价技术，储能电站安全风险评估及应急处置技术。开展储能安全防护技术的工程有效性验证，推动安全防护技术体系化应用，强化安全措施。

（2）制定储能消防标准，完善标准体系建设。电力储能安全标准化工作对规范电力储能设备及系统的设计开发，保障储能电站在设计施工、运行维护、设备检修等阶段的安全，提升储能电站的安全管理水平具有重要的意义。储能技术近两年处于高速发展阶段，与储能电站发展相适应的安全标准体系亟待完善，亟须加快推动相关部门制定/修订储能质量与安全系列相关国家标准，强化技术标准保障，在此基础上推动制定电化学储能电站消防设计、验收强制性标准，并加强技术标准宣贯。

（3）成立储能全流程、闭环检测评价联盟，满足储能安全检测需求。目前储能安全检测检验体系不完善，安全测试项目只停留在电池电芯级别、模块级别，电池簇、电池系统级别的安全测试及评价环节长期缺失，导致储能工程投运前无法检查出问题，隐患巨大。开展储能系统整机性能测试验证和并网检测，整合检测评价资源，优化储能上下游检测服务，参照风电光伏发电检测管理机制，促进储能产业健康发展和行业可靠应用。

（4）建设国家级储能系统安全检测评价技术中心，提升储能系统安全检测评价能力。依托检测评价技术中心，研发储能系统安全测试评价关键技术，建设大容量全尺寸电池储能系统安全性及火灾实验平台，开展储能系统整机安全性测试评价技术研究，构建闭环的储能系统安全评价体系，实现储能系统安全风险可知、可评、可控。

（5）提升加氢站立项审批效率，协同促进网状布局。打破加氢站健康发展的瓶颈，需要有效提升立项审批效率，统一规范审批流程。出台全国统一的、高效率的加氢站审批流程；精简审批环节及职责部门，对于具有相同性质的受理环节可合并精简，如立项环节中的选址及核准、报建环节中的各种审查工作等，或成立加氢站审批小组，定期定点集中处理加氢站立项审批事项，协同提升审批效率；探索成立第三方加氢站建设认证机构，加强第三方认证的可靠性与公众认可性；确定审批周期，明晰主管部门职责、氢气管理性质、加氢站建设土地性质等相对重要但界定模糊的关键事项。

（6）加快实现高安全、高稳定性加氢站关键部件及装备国产化。加强自主创新能力，聚力突破核心技术。加氢站建设仍处于知识产权受制于人的阶段，专业人才队伍存在很大缺口，强化加氢站自主创新体系，加强自主研发实力才是唯一出路。需要引导企业、学校及科研院所聚力攻关制约加氢站发展的关键技术，研究关乎加氢站前沿的新设备、新工艺、新材料等基础技术，力争与国际水平接轨，才能实现加氢站关键设备自主化与国产化。

（7）探索加氢站示范推广模式，加快建设加氢站氢系统安全标准、法规体系。绿色消费理念是决定产业可持续发展的关键环节，探索以市场驱动的示范推广模式，才能使加氢站建设及氢燃料电池汽车产业不断壮大。氢能是未来能源的主要发展方向之一，政府应向公众科普氢能知识，积极消除氢气是危险化学品的认知顾虑；企业应通过科普巡游、展会推广、试乘试驾等方式，提高公众对氢燃料电池汽车的认知接受度，促进氢燃料电池汽车的市场化推广；学习借鉴国外加氢站相关标准，制定和完善适合我国具体国情的加氢站安全建设、运营和管理的标准、法规体系。

第7章 保障措施与政策建议

1. 加强顶层设计，形成规范化安全监管制度体系

加快新能源应用基础设施安全监管与保障制度体系建设，优化安全监管流程，创新管理体制机制。制定中长期新能源应用基础设施安全风险防控战略，明确目标、任务和实施方案，覆盖安全管理、设计施工监督、大数据手段维护保养、监管平台的效能、保障措施与监督机制等方面，提出应急体系管理规范。充分借鉴国外风险防控先进经验，加强风险防范与应急处置能力建设，从被动防控向主动防控转变，从而降低安全事故概率、防止事故范围扩大，减少次生灾害。建立从中央到地方完备的早发现、早预警、早防范机制，由行政监管、行业监督及企业自律共同推进应急管理能力建设。

2. 加强安全风险防控科技攻关，培养专业型人才

制定国家新能源应用安全监管与保障技术发展路线图，设立氢气微泄漏检测及智能管控系统等基础设施安全专项攻关项目，推动安全防控技术装备创新发展。加强新能源应用基础设施大规模接入对电网安全、环境安全、城市安全的风险及其影响研究；开展压力管理、氢气泄漏、氢脆等多因素、全环节的安全风险定量评估与智能管控技术研发；针对不同类型的基础设施开展风险防控基础研究，加强故障风险预警预测、安全防护及应急消防技术与安全事故处置机器人研究。促进设备级、场站级、系统级等不同层级技术研发，构建安全风险防控技术保障体系。鼓励校企联动，优化学科建设布局，培养专业型人才。

3. 强化标准化治理效能，构建国家级统一监管平台

建设新能源应用基础设施安全标准化管理体系，从运营、产品质量及设备本质安全方面加强风险评估和安全管理的标准与认证体系建设，以"氢能领跑者"计划等行动为抓手，增强标准化治理效能。建成国家级新能源应用基础设施大数据中心，规划建设安全监控与运行保障平台，构建大数据分析与决策能力支撑体系，形成全方位管控体系。完善项目建设与验收相关标准；与补贴政策、金融支持挂钩，建立装备质量追溯体系、企业质量安全评价体系、责任延伸制度，健全强制性退出机制。

4. 加强宣传教育，构建立体式基础设施安全生态

加强相关宣传与科普教育，向生产厂商、服务业企业和消费者普及安全规范，为新能源应用基础设施建设与产业发展创造良好的舆论环境。加强安全风险防控标准实施和宣贯，强化人员培训，增强公众安全意识，加强事故保险与次生灾害理赔等机制建设。根据区域经济发展水平、能源条件、车辆发展现状与趋势预测，有序推进基础设施建设，优化未来新能源应用的基础设施布局，加强综合智慧能源服务。推动交通和能源基础设施的一体化建设，实现新能源汽车产业与大能源系统的安全、高效融合。健全基础设施产业生态，创新商业模式，以市场为导向，推动用户合理选择，更大范围内降低安全风险。

5. 强化安全监管考核机制，建立健全责任追究机制

各企业明确安全生产的责任主体，出台安全管理办法等规范文件，要求企业建立安全管理制度，设置安全管理组织，配备专职的安全员，将运营服务安全管理贯穿运营服务全过程。需进一步梳理、明确各部门安全监管职责，各监管部门应按照职责分工和属地原则，依法依规负责相应设施安全监督管理工作，督促企业做好相关安全工作，履行法律、法规及相关规范性文件赋予的安全管理职责，并承担相应的监督或管理责任，确保各类设施领域安全监管实现全覆盖。将新能源应用基础设施安全生产管理工作纳入安全生产监管范围，监督供用电安全隐患整治和责任制落实情况，并纳入安全生产工作考核范围，建立与相关负责人履职评定、奖励惩处相挂钩的机制。

6. 构建新能源应用全流程基础设施安全保障体系

鼓励新能源应用产业链相关企业从市场需求出发，从不同层面不断提升用能本质安全和防护安全水平，大力支持各应用基础设施安全研究，为相关标准的制定/修订提供实际数据和经验，推动标准的落地应用；相关产业和监管部门应鼓励对各类型安全事故公开讨论，分析研究事故原因，充分总结事故经验，并在相关标准制定/修订中充分考虑，避免重蹈覆辙，同时积极引入保险制度，为新能源应用基础设施产业未来的快速发展做好保障。

参 考 文 献

36 氪研究. 2022. 2022 年中国新型储能行业洞察[EB/OL]. (2022-05-26) [2023-12-06]. https://mp. weixin.qq.com/s/HEd-ZFav271wyfW7jhuRrw.

白旻, 张旻昱, 王晓超. 2021. 碳中和背景下全球新能源汽车产业发展政策与趋势[J]. 信息技术 与标准化 (12): 13-20.

北极星储能网. 2018. 电化学储能电站为何易发生安全问题? 安全隐患及解决对策详解[EB/OL]. (2018-09-13) [2023-12-06]. https://news.bjx.com.cn/html/20180913/927614.shtml.

卜德明, 王娜. 2021. 新机遇下我国新能源汽车换电模式发展前景分析[J]. 汽车实用技术, 46 (6): 11-14.

陈旭东. 2021. 油氢合建站环境风险特点与防控策略探讨[J]. 中国石油和化工标准与质量, 41 (22): 80-81.

陈永强. 2021. 充电设施行业面临的挑战和发展任务[J]. 汽车零部件 (11): 96-99.

电规总院. 2020. 加快数字化智能化技术创新助推能源产业转型升级[N]. 中国电力报, 2022-08-10 (2).

冯乾隆, 吴松, 王易. 2022. 从 "跑马圈地" 到合理布局, 充换电基础设施的发展之路[J]. 汽车 与配件 (15): 50-54.

工业和信息化部. 2016. 工业和信息化部关于进一步做好新能源汽车推广应用安全监管工作的 通知[EB/OL]. (2016-11-15) [2023-12-06]. https://www.miit.gov.cn/jgsj/zbys/qcgy/art/2020/art_ 43e80011885e4b558ff26d2f8575c5ca.html.

郭睿, 陈金熠, 陈小毅, 等. 2020. 基于数据驱动的乡村综合能源服务运营管理优化研究[J]. 企 业改革与管理 (1): 124-125.

国家发展改革委, 国家能源局. 2021. 关于对《电化学储能电站安全管理暂行办法(征求意见稿)》 公开征求意见的公告[EB/OL]. (2021-08-24) [2023-12-06]. http://www.nea.gov.cn/2021-08-24/ c_1310145799.htm.

国家发展改革委, 国家能源局. 2022. 国家发展改革委 国家能源局关于印发《 "十四五" 现代 能源体系规划》的通知[EB/OL]. (2022-01-29) [2023-12-06]. http://zfxxgk.nea.gov.cn/2022-01/ 29/c_1310524241.htm.

国家发展改革委, 国家能源局. 2022. 国家发展改革委、国家能源局联合印发《氢能产业发展中 长期规划(2021—2035 年)》[EB/OL]. (2022-03-23) [2023-12-06]. https://www.ndrc.gov.cn/ xxgk/jd/jd/202203/t20220323_1320045.html.

国家能源局. 2022. 国家能源局关于 2021 年度全国可再生能源电力发展监测评价结果的通报 [EB/OL]. (2022-09-16) [2023-12-06]. http://www.nea.gov.cn/2022-09/16/c_1310663387.htm.

国网能源研究院. 2018. 电动汽车发展对配电网影响及效益分析[R]. 北京: 国网能源研究院.

国网能源研究院. 2021. 2021 中国新能源发电分析报告[M]. 北京：中国电力出版社.

国务院办公厅. 2020. 国务院办公厅关于印发新能源汽车产业发展规划（2021—2035 年）的通知[EB/OL].（2020-10-20）[2023-11-27]. http://www.gov.cn/zhengce/content/2020-11/02/content_5556716.htm.

李朝阳，彭道刚，吕政权，等. 2020. 基于改进 ADT 的综合能源系统信息安全风险分析[J]. 浙江电力，39（12）：122-128.

任江波，孙仲民，顾乔根，等. 2019. 计及储能全寿命周期运维的综合能源系统优化配置[J]. 广东电力，32（10）：71-78.

王丹，赵平，臧宁宁，等. 2019. 基于安全博弈的综合能源系统安全性分析及防御策略[J]. 电力自动化设备，39（10:）：10-16.

肖徐兵，杨宇峰. 2019. 区域能源互联网构架下的综合能源服务[J]. 机电信息（17）：171-172.

张鹏，吴鹏飞. 2021. 中国电动汽车充电基础设施现状及发展趋势[M]. 北京：机械工业出版社.

赵北涛，郭洪昌. 2022. 国内外电化学储能电站安全分析及展望[J]. 农村电气化（1）：69-71.

中国电动汽车充电基础设施促进联盟. 2022. 2021～2022 年度中国电动汽车充电基础设施发展报告[R]. 北京：中国电动汽车充电基础设施促进联盟.

中国工程科技发展战略研究院. 2021. 2022 中国战略性新兴产业发展报告[M]. 北京：科学出版社.

中国能源研究会储能专委会，中关村储能产业技术联盟. 2022. 储能产业研究白皮书 2022[R]. 北京：中国能源研究会储能专委会，中关村储能产业技术联盟.

中国汽车工程学会，清华四川能源互联网研究院. 2021. 中国电动汽车充电基础设施发展战略与路线图研究（2021—2035）[R]. 北京：中国汽车工程学会，清华四川能源互联网研究院.

中国汽车工业协会. 2021. 中国新能源汽车市场化发展对策研究报告[M]. 北京：机械工业出版社.

中国氢能联盟. 2019. 中国氢能源及燃料电池产业白皮书（2019 版）[R]. 北京：中国氢能联盟.

IEA. 2021. Global Energy Review：CO_2 Emissions in 2021[EB/OL].（2022-03-08）[2023-11-27]. https://www.iea.org/search?q = Global%20Energy%20Review%3A%20CO2%20Emissions%20in%202021.

IEA. 2022. Global EV Outlook 2022[EB/OL].（2022-05-23）[2023-11-27]. https://www.iea.org/reports/global-ev-outlook-2022/.

IRENA. 2020. Electricity Storage and Renewables：Costs and Markets to 2030[R]. Abu Dhabi: IRENA.

IRENA. 2022. Renewable Capacity Statistics 2022[R]. Abu Dhabi: IRENA.

Sani A S，Yuan D，Jin J，et al. 2018. Cyber security framework for internet of things-based energy internet[J]. Future Generation Computer Systems，93：849-859.